读客®文化

逼近宇宙的秘密

[英] 马库斯·乔恩　著
杨　泓　译

江苏凤凰科学技术出版社
·南京·

江苏省版权局著作权合同登记　图字：10-2020-374

图书在版编目（CIP）数据

逼近宇宙的秘密 /（英）马库斯·乔恩著；杨泓译
. — 南京：江苏凤凰科学技术出版社，2021.1
ISBN 978-7-5713-1575-7

Ⅰ. ①逼… Ⅱ. ①马… ②杨… Ⅲ. ①数学－普及读
物 Ⅳ. ① O1-49

中国版本图书馆 CIP 数据核字 (2020) 第 237882 号

逼近宇宙的秘密

著　　者	［英］马库斯 · 乔恩
译　　者	杨　泓
责任编辑	李莹肖
责任校对	杜秋宁
责任监制	刘文洋
出版发行	江苏凤凰科学技术出版社
出版社地址	南京市湖南路 1 号 A 楼，邮编：210009
出版社网址	http://www.pspress.cn
印　　刷	天津联城印刷有限公司
开　　本	660 mm × 960 mm　1/16
印　　张	18
字　　数	223 千字
版　　次	2021 年 1 月第 1 版
印　　次	2021 年 1 月第 1 次印刷
标准书号	ISBN 978-7-5713-1575-7
定　　价	48.00 元

图书如有印装质量问题，可随时向我社出版科调换。

献给曼吉特

爱你的马库斯

世界上有两种天才，一种是普通的天才，一种是如魔术师般神奇的天才。普通天才能够完成伟大的工作，但会让其他科学家觉得，如果他们足够努力，那样的工作他们也能完成。而一个魔术师所做的事是其他人无法完成的，而且似乎完全无法想象。

——波兰数学家马克 · 卡茨（Mark Kac）

《费曼传》（*Genius: Feynman and Modern Physics*）

詹姆斯 · 格雷克（James Gleick）

目录

引言：科学的核心魔力

宇宙中充满了神奇的事物，耐心地等待着我们变得更加睿智以去探索。

——伊登·菲尔波茨（Eden Phillpotts）[1]

没有什么比知道真相更令人愉快了。

——迈克尔·法拉第（Michael Faraday）

大约360万年前，三个类人猿经过一片火山喷发地时，在新近落下的火山灰上留下了脚印。今天，在坦桑尼亚的莱托里（Laetoli）仍然可以看到这些脚印。这唤起了人们强烈的好奇。正如生物学家理查德·道金斯（Richard Dawkins）所写："谁会不对这些类人猿感到好奇呢？他们彼此之间有着怎样的关系？他们会不会手牵着手？甚至他们能否用语言交谈？比如在上新世[①]的某个黎明探讨着什么被遗忘的使命？"[2]

当然，我们无从知道这些问题的答案，但我们可以大胆地猜测，这

① 上新世是地质时代中第三纪的最新的一个世，它从距今530万年开始，距今258.8万年结束。

三个原始人可能是阿法南方古猿（Australopithecus afarensis），以及在那遥远的日子里（远在现代人类出现之前），他们可能看到的和思考的事情。自然界的大部分事情都是混乱不堪、不可预测的，但有些事情是有规律可循的，比如太阳的升落、四季的更迭、月亮的盈亏、夜空中的斗转星移等。我们最古老的祖先也必然会对这样的自然规律印象深刻。

那些脚印被印在莱托里之后的数万个世纪，人类对这些自然规律的认知并没有取得任何进展。然而，大约在公元前3000年，一项重要的发明——文字——在中东地区出现了。从此，一切开始发生改变。文字不仅为记录天空中发生的事件提供了手段，还有助于人类更深入地掌握天体的运动模式。在古巴比伦（即现在的伊拉克），已经有人能够对月食、日食这样的天文奇观进行预测了。那些有能力做出此类预测并控制相关信息传播的人，能够让其他人心生敬畏。他们即使不想冒充神，也好像拥有超越常人的巨大魔力一样。

然而，这点魔力与科学的压倒性魔力相比，完全不值一提。诞生于17世纪的自然科学找到了描述物质世界行为方式的定律，而且这些定律大多具有可移植性。比如，虽然艾萨克·牛顿（Isaac Newton）著名的万有引力定律是从苹果的掉落和月球绕地球的运动中得出的，但在其他领域也同样适用，比如解释为什么每25小时海洋中会出现两次潮汐。[3]

掌握某种运动模式，比如日食，仅能预测未来的日食。但是，利用普适定律，科学可以预测未知现象的存在。第一个也是最引人注目的例子就是奥本·勒维耶（Urbain Le Verrier）对未知行星的预测，1846年在夜空中发现的海王星的方位，几乎就是这位法国天文学家计算出的方位。这在国际上引起了轰动，勒维耶也因此成了超级巨星。法国生物学家让·罗斯丹（Jean Rostand）后来写道："科学把人变成了神。"[4]

海王星的发现，戏剧性地展示了科学的核心魔力：能预测到超乎想象的天体的存在，当人们去寻找时，发现这个天体确实存在于实际的宇宙中。这种能力如此神奇，就连科学界的大咖们也很难相信。众所周知，阿尔伯特·爱因斯坦（Albert Einstein）并不相信自己的引力理论导出的两个预测：黑洞（black hole）和大爆炸（big bang）。他甚至对第三个预测——引力波（gravitational waves）——是否存在犹豫不决。1916年，爱因斯坦预测了引力波的存在，但一年后，又开始怀疑它不存在，直到1936年才再次预测其存在。最终，他预测的引力波于2015年9月14日被发现。

科学的核心魔力似乎不可思议，因为没人知道它为什么有效。人们只知道，物理学家的预测来自数学公式或描述宇宙各种特性的方程，却不知道为什么这些方程如此完美地描述了物理世界。或者，套用20世纪奥地利物理学家尤金·威格纳（Eugene Wigner）的话：为什么数学在自然科学中毫无道理地有效？简而言之，宇宙有一个孪生的数学兄弟，可以写在纸上，也可以写在白板上，但为什么宇宙会有这样一个孪生兄弟？这是一个天大的谜团。

理解科学核心魔力之所以重要，是因为它是物理学有效性的关键所在。物理学家们自然想知道，为什么他们的研究仰仗的主要工具如此有效。如果理解了这一点，便很可能揭示出宇宙中一些非常深刻的东西，以及为什么宇宙是现在这个样子。

在这本书中，我将讲述一些曾经施展过科学核心魔力的数位物理学家的故事。不过他们的做法各有不同，这也很引人注目。苏格兰人詹姆斯·克莱克·麦克斯韦（James Clerk Maxwell）可以说是牛顿时代与爱因斯坦时代之间最伟大的物理学家。尽管麦克斯韦的思维能力超强，但他的思维过程本质上与常人的思维过程没有太大区别。他也是先在脑海中使用齿轮之类的日常物体来构造诸如电和磁等现象的机械模型，只有当他确信已经掌握了事物的本质时，才用数学术语表达自己的模型。麦克斯韦用著名的电磁方程组（equations of electromagnetism）描述电和磁的现象，揭示了光是电磁波，并预测了无线电波的存在，从而使21世纪的超链接世界成为可能。但是，英国物理学家保罗·狄拉克（Paul Dirac）的做法却与其大相径庭。这位堪称“物理学上的斯波克先生”只是凭空“捏造”了一个公式，就描述了在稀薄的空气中以接近光速传播的电子运动。狄拉克方程（Dirac equation）是狄拉克在一张纸上摆弄出来的方程，并且他坚持物理应该同数学一致，从而用该方程预测了现在毋庸置疑的反物质（antimatter）宇宙，使该方程成为刻写在威斯敏斯特大教堂石地板上仅有的两个方程之一。

本书讲述的关于麦克斯韦、狄拉克以及许多其他人的故事，我都力求内容翔实，有据可依。如果谈到的科学家还活着，而且愿意接受采访的话，我就去采访；对于那些已经去世的人，则利用我所掌握的事实，把他们身边发生的事件戏剧化。例如，麦克斯韦认识到光是电磁波的那天就是从现有的事实中拼凑起来的。在苏格兰格伦莱尔庄园度暑假回来后，麦克斯韦确实去了伦敦国王学院的图书馆，在一本参考书中查阅了空气的介电常数和磁导率的测量值。这些事实是由威廉·韦伯（Wilhelm Weber）和鲁道夫·科尔劳施（Rudolf Kohlrausch）提供的。麦克斯韦的确每天在肯辛顿大街的家与斯特兰德的国王学院之间来回奔波，他经常步行去，乘坐马车回；经过皮卡迪利大街，可以转去阿尔伯马尔街的皇家科学院，有时他会在那里停留一段时间。麦克斯韦和妻子凯瑟琳（Katherine）也的确经常在海德公园和肯辛顿宫花园骑马，凯瑟琳的小马查理是通过火车从格伦莱尔庄园运送过来的。

我希望通过将科学预测和预测被证实的戏剧化故事，生动地再现科学发现诞生的情境，并为读者呈现这些科学家在那一刻的思考，以及他们即将揭示无人知晓的宇宙秘密时的兴奋心情。那些对科学史感兴趣的人也可以从我提供的大量参考资料中受益。

从这些“魔术师”的故事里，你可以了解他们如何用笔和纸，不仅预测了未知世界、黑洞和亚原子粒子的存在，而且预测了反物质、在空气中传播的看不见的波、时空中的涟漪（即引力波）以及更多其他东西的存在。这些故事就是关于科学的核心魔力，以及这种魔力是如何将人变成神的。

第 1 章

未知世界的地图——海王星

一个坐在巴黎书桌前的人怎么可能借助数学“看到”宇宙呢？这就好比蒙着眼睛的天文学家用夫琅和费望远镜发现了彗星一样。但是奇迹就是奇迹，勒维耶的行星就在漆黑的太空深处若隐若现，而且就在他预测的那个位置。

成功的假说不仅能够解释已经观察到的现象，还应该能够预测尚未观察到的现象。

——威廉·胡威立（William Whewell）[1]

我从小就相信妹妹来自海王星，她是被派到地球上来杀我的。

——佐伊·丹斯切尔（Zooey Deschanel）

1846年9月23日，柏林

经过将近一个小时的搜索，他们二人的动作早已经进入了某种机械状态。透过巨大的黄铜折射望远镜，约翰·伽勒（Johann Galle）眯起眼睛盯着晴朗的夜空，不断调整着望远镜的控制装置，每当十字准线瞄准一颗星星时，他就会大声喊出它的坐标。年轻的助手海因里希·德瑞斯特（Heinrich d'Arrest）坐在天文台圆顶屋石头地板对面的一张木桌旁，借助一盏昏暗的油灯，用手指在星图上寻找对应坐标的位置，然后大声回答道："有这颗星星。"就这样，伽勒不停地转动着铜钮，瞄准着天空中一颗又一颗星星，德瑞斯特则在星图上一一搜寻核对。那个夜晚寒气逼人，伽勒的脖子已经僵硬抽筋，他开始怀疑他们这是在浪费时间。

那天下午，伽勒出现在柏林天文台（Berlin Observatory）台长约翰·弗朗茨·恩克（Johann Franz Encke）的办公室门口，提出要使用22厘米折射望远镜。恩克确信伽勒是在浪费时间，但是，因为那天晚上他要留在家里庆祝自己55岁的生日，用不到望远镜，所以勉强答应了伽勒的请求。

德瑞斯特是一名天文学专业的学生，为了获得更多的实际操作经验，平时就住在天文台附近。他无意间听到了伽勒和恩克的谈话，当即请求做伽勒的助手。于是在1846年9月23日，这样一个万里无云的夜晚，伽勒和德瑞斯特用当时世界上同类仪器中最先进的仪器之一——由时钟驱动的夫琅和费望远镜（Fraunhofer telescope）——开始扫视天空。

在柏林的煤气灯刚熄灭、城市陷入黑暗之后，二人就开始了搜寻工作。现在已接近午夜时分，伽勒的思绪已转到他和他妻子躺过的温暖的床上了。伽勒将十字准线又瞄准了一颗星星，然后报出了坐标。在等待德瑞斯特回应时，伽勒心中在想，要是明天早上告诉恩克什么都没找到，那该有多么荒唐可笑。但德瑞斯特迟迟没有回应，伽勒很纳闷地想，这家伙在做什么呢?

椅子碰撞地板的声音把伽勒吓了一大跳，他回头一看，只见在油灯的映射下，一个黑影向他冲了过来。德瑞斯特癫狂地挥动着手里的星图，虽然光线太暗，伽勒看不清德瑞斯特的表情，但他一辈子都不会忘记当时德瑞斯特大声喊叫的内容："那颗星星不在星图上！星图上没有那颗星星！"

1846年9月18日，巴黎

9月23日，在一封寄到柏林天文台的信中，有人建议伽勒寻找一颗星图上没有的星星，这个人就是巴黎综合理工学院（the Ecole Polytechnique in Paris）的天文学家奥本·勒维耶（Urbain Le Verrier）。勒维耶对从冷气森森的望远镜圆顶屋观察天体不感兴趣，他更喜欢坐在办公桌旁，用牛顿引力定律计算天体的轨道，并将其与现有的观测结果进行比较。在不停地比较中，让勒维耶魂牵梦绕、寝食难安的是一颗似乎打破了所有规则的行星——天王星。

天王星是由德国汉诺威的一位音乐家发现的。1757年，年仅19岁的威廉·赫歇尔（William Herschel）和他的妹妹卡洛琳（Caroline）一起搬到了英格兰西部的巴斯（Bath）。这是一座有着温泉的美丽小镇，罗马人最先对其进行了开发。赫歇尔找到了一份在教堂演奏风琴的工作，但他真正热爱的还是天文学。赫歇尔在自家花园里建造的望远镜是当时最好的望远镜之一。那是在1781年3月13日，当赫歇尔用这个望远镜扫视夜空时，一颗模糊的星星突然出现在目镜中。起初，赫歇尔认为这是一颗彗星，但它与彗星不同，它没有缥缈的彗尾。不仅如此，赫歇尔在随后的夜晚观察到，在它掠过双子座（Gemini）期间，是按行星的近圆形轨道运行的，并没有按彗星那种拉得很长的椭圆形轨道运行。

于是，赫歇尔发现了望远镜时代的第一颗新行星，第一个古代天文学家未知的世界。纵观历史记载，行星的数量一直都是6颗，难以相信，居然有人发现了第7颗。赫歇尔的发现理所当然地引起了国际轰动，这也使他一跃成为科学界的超级巨星。

作为移民，赫歇尔最大的愿望就是能得到移居国的认可，因此他想以英国国王乔治三世的名字，将这颗新行星命名为“乔治”（实际上，他命名的名字是“乔治之星”，George's star）。不出意外，法国天文学家反对用英国国王的名字命名一颗行星，建议将其命名为“赫歇尔”。为了避免冲突，天文学家约翰·波得（Johann Bode）建议以乌拉诺斯（Uranus）命名，即“天王星”。乌拉诺斯是希腊神话中克洛诺斯（古希腊语：Κρόνος；英文：Saturn）的父亲，之后，这个名字被沿用了下来（否则，几大行星按照离太阳的距离从近到远依次排序，可能就是这样了：水星、金星、地球、火星、木星、土星和……乔治）。

实际上，英国天文学家约翰·弗拉姆斯特德（John Flamsteed）在大约一个世纪之前（即1690年）就曾看到过天王星，但他错误地认为那是一颗恒星，将其归到金牛座（Tauri）下，并命名为“金牛座34”，也就是在金牛座中发现的第34颗恒星。弗拉姆斯特德的历史记录补充了这颗新行星的观测资料，因此，到19世纪初，人们已经对天王星的轨道有了足够多的了解，可以将其与牛顿的万有引力定律所预测的轨道相比较。但是通过比较，人们发现，这颗行星的轨道有点不太正常。

无论如何预测天王星的轨道，它都会在接下来的几个月里偏离计算的轨道。没有人怀疑牛顿定律可能存在错误，因为牛顿万有引力定律的全面、强大，在人们的心目中等同上帝的圣言。人们怀疑是因为有一颗离太阳更远的未知行星牵引着天王星，所以它才不断地偏离计算轨道。因此，找到这颗未知行星是一件非常诱人的事，勒维耶无法抗拒这种挑战的诱惑。于是，他坐在巴黎综合理工学院自己的办公桌前，根据观测到的天王星偏离正常轨道的数据，着手推断这颗未知行星在夜空中的确切位置。

太阳占据了太阳系质量的99.8%，所以可以肯定，行星的运行主要受到太阳引力的影响。然而，牛顿的引力定律是一个普遍适用的定律，这意味着在任意两个天体之间都存在引力作用。因此，行星不仅受太阳引力的影响，也受到其他所有行星引力的影响。为了确保计算结果准确，勒维耶需要先减去已知行星的影响，尤其是两颗最大的行星：木星和土星。

计算过程复杂且费时，每个步骤都必须进行反复检查，一个小小的失误就可能使整个计算结果作废，导致前功尽弃。但这不是勒维耶面临的唯一难题，更难的是，理论上无法区分靠近天王星的小质量行星的引力与远离天王星的大质量行星的引力之间的不同。因此，为了确定假想行星的轨道，勒维耶不得不靠猜测来确定这颗未知行星的质量和它与太阳的间距①。这是一项艰巨的任务，除了要投入全部的工作时间，有时夜晚的休息时间也被占用了，最终，勒维耶成功了。他不仅推导出了假想行星的轨道，而且更重要的是，他推断出了应该用望远镜在夜空中的什么位置去搜寻这颗星体：介于摩羯座（Capricorn）和水瓶座（Aquarius）之间。

勒维耶心中充满自信，但当他坐在铺满纸的桌前，拿着羽毛笔，审视着那些密密麻麻的公式时，还是难以抑制地感到一阵紧张。能有幸洞悉世界上没有人知道或理解的东西，自然有一种令人兴奋的权威感，但万一错了呢？如果对了，那他就是神；如果错了，岂不被别人讥笑为傻瓜？面前的方程描述的结论怎么可能就是现实呢？勒维耶没有被自我怀疑吓倒，很快就恢复了镇静。眼下只有一件事情要做，那就是通知做观测研究的天文学家。

勒维耶向时任巴黎天文台（Paris Observatory）台长的弗朗索瓦·阿拉戈（Francois Arago）报告了新行星的位置，而阿拉戈明确表示，他有充分的理由相信寻找新行星并不是当务之急。现在，包括巴黎国家天文台在内的天文单位，首要任务是制作用于导航的行星和恒星的位置图。单这项工作就需要很多人进行漫长而艰苦的观测，阿拉戈当然不愿意浪费宝贵的时间去寻找一颗存在性十分渺茫的行星。显然，对于以傲慢和难以相处著称的勒维耶来说，阿拉戈的话并不能打消他的念头。

对处于北半球的人来说，11月之后就看不到摩羯座和水瓶座了，所

① 在猜测这颗假想行星与太阳的距离时，勒维耶用到了用来推论行星轨道半径的公式——提丢斯–波得定律（Titius-Bode law）。还没有科学依据来解释为什么行星会遵循这一定律。详见：http://demonstrations.wolfram.com/TitiusBodeLaw/。

以必须尽快开始寻找这颗新行星。有一段时间，勒维耶还很有耐心，但是等来等去，也不见阿拉戈那边有任何松口的迹象，失望不免与日俱增。不过，勒维耶已经开始尝试其他方法了，他将一篇描述这一预测的论文寄给了德国《天文学》（*Astronomische Nachrichten*）杂志的编辑，在和论文一起寄给海因里希·舒马赫（Heinrich Schumacher）的投稿信中，勒维耶表达了自己的失望——没有法国天文学家愿意寻找这颗行星。舒马赫对此表示同情，并在回信中提出了一个建议：为什么不联系一下其他拥有先进望远镜的天文学家呢？勒维耶立刻想到了两个人，一个是德国的弗里德里希·斯特鲁夫（Friedrich Struve），另一个是爱尔兰比尔城堡的罗斯伯爵三世（Erd Earl of Rosse）。罗斯伯爵设计并制造的利维坦（Leviathan）是当时世界上最大的望远镜，配有直径达72英寸（约1.8米）的镜面。勒维耶原本可以联系这两个人，但他想起一年前曾经收到过一位年轻天文学家从柏林天文台寄来的信。

约翰·伽勒是一个职级较低的助理天文学家，这一点特别吸引勒维耶。他觉得柏林天文台的台长约翰·弗朗茨·恩克会像巴黎天文台的台长弗朗索瓦·阿拉戈一样，不愿意花力气去寻找一颗新行星，但伽勒可能渴望成名。所以，勒维耶在想，绕过恩克直接联系这位年轻的天文学家效果可能会更好。伽勒会做出积极回应，还是会让他再一次失望，只有试着向他发出请求才知道。

唯一的问题是，这位法国天文学家并未回复伽勒一年前的来信以及随信所附的一篇论文，而现在却需要他的帮助，这真是令人尴尬。然而，说一些奉承的话也许可以化解尴尬，所以在请求伽勒帮助寻找新行星之前，勒维耶写了一些露骨的、姗姗来迟的溢美之词，称赞伽勒的论文完美清晰、工整严谨。1846年9月18日，勒维耶将信寄出，其中包含了对新行星所在位置的粗略估计。

1846年9月24日，柏林

拂晓时分，三个人终于聚集在柏林天文台圆顶屋的夫琅和费望远镜前。不久之前，德瑞斯特一路小跑到天文台台长恩克的家，把庆生宴会之后醉得脚步踉跄的恩克拽上了山。三个人努力保持镇静，轮流透过目镜仔细观察，直到确认无误。伽勒和德瑞斯特看到的天体肯定不在星图上，原因显而易见：那根本就不是一颗恒星。由于与地球的距离太过遥远，无论望远镜的放大倍率有多高，看到的恒星都是光点；但这个天体并非光点，而是一个发光的微小圆盘。他们找到了！他们发现了勒维耶的行星！

伽勒简直不敢相信刚过去的半天里发生的事情。就在昨天，他用小刀拆开一封看起来很普通的、来自法国的信件时，丝毫没有想到这会永远改变他的生活。伽勒立刻认出了勒维耶的名字，他本来可以选择向这个法国人实施报复，把信丢进桌上的文件堆里，对其置之不理，但勒维耶的请求激起了他的兴趣。

信中预测了一颗新行星的存在和位置，虽然伽勒知道这样的预测一般来说都是荒谬的，然而，信中有些话使他不能置之不理。“我想找一位坚持不懈的观察者，”勒维耶写道，“他愿意花些时间观察可能发现新行星的那部分天空。”伽勒决定成为那个坚持不懈的观察者。

即使那颗行星真的存在，伽勒也没指望会发现什么。这怎么可能呢，一个坐在巴黎书桌前的人怎么可能借助数学“看到”宇宙呢？这就好比蒙着眼睛的天文学家用夫琅和费望远镜发现了彗星一样。但是奇迹就是奇迹，勒维耶的行星就在漆黑的太空深处若隐若现，而且就在他预测的那个位置。

自太阳系诞生以来，这颗行星就在天王星的轨道之外极度深寒的黑暗中，绕着太阳静悄悄地运行，直到1小时前，还没有人目睹过它的存在。此刻，地球上也只有伽勒他们三人看见了这颗未命名的行星。然而，很快，世界上的每个人都将知晓它的大名——海王星。

1846年9月29日，巴黎

几天后，勒维耶在巴黎拆开了一封来自柏林写于1846年9月24日的信。“先生，”他读道，“在您指出的那个位置上，确实存在一颗行星。”

伽勒找到了他预测的行星！勒维耶欣喜若狂，一颗悬着的心终于放下了。勒维耶虽然做出了预测，但也曾有过疑虑，毕竟他也是普通人。勒维耶把自己的声誉押在了神秘的数学上，其结果要看造物主的安排。造物主既可以选择支持他，也可以轻易否定他。和别人谈论这个预测时，他看上去信心满满，但只有他本人知道自己是有多么虚张声势。

10月1日，勒维耶给伽勒写了回信。在信中，勒维耶向这位德国天文学家表示感谢，并声称伽勒是唯一认真对待他请求的人。勒维耶写道：“多亏了你，我们拥有了一个新世界。”

曾经，天王星的发现引起了轰动，因为天王星到太阳的距离是土星到太阳的1倍，也就是说，赫歇尔一夜之间就让太阳系的大小扩大了1倍。但发现海王星是一种完全不同的感觉，天王星是赫歇尔偶然发现的，而海王星的存在、位置，甚至大小都是勒维耶用笔在纸上计算出来的。

法国天文学家卡米尔·弗拉马里翁（Camille Flammarion）写道：“勒维耶没有离开他的书房，甚至没有看一眼天空，仅仅通过数学计算就发现了这颗未知的行星，可以说，他用笔尖触碰到了这颗行星！”[2]

弗拉马里翁认识到，能用桌子上的纸和笔发现现实世界中存在的东西是见所未见的新鲜事。苏格兰天文学家约翰·普林格·尼科尔（John Pringle Nichol）写道：“人类在冒险精神驱使下进行的理论猜想，能够得到如此非凡的验证，这在整个人类的观察历史中都是绝无仅有的！”[3]

海王星的发现不仅是勒维耶的胜利，更是艾萨克·牛顿和他在两个世纪前提出的万有引力定律的胜利。牛顿定律不仅解释了已知的东西，还预测了未知的东西。

勒维耶以无比震撼的方式展示了科学的核心魔力——科学惊人的预测能力：能够预测那些人类从未想象到的事物，而这些事物都能在现实世界中被发现。让人难以置信的是，涂写在纸上的数学方程竟然可以如此完美地描绘现实世界，而且确实奇迹般地被证实了。勒维耶用抽象的公式在现实世界里找到了一个真实的物体，而世界历史上从未有人取得过类似的成就。勒维耶当数首屈一指的“魔术师”。

o o o

海王星的发现引发了法国和英国之间激烈的优先权争夺战，因为一位英国的数学家也曾利用天王星的异常运动预测过这颗新行星的位置，他就是来自英格兰康沃尔郡患有自闭症的数学天才约翰·库奇·亚当斯（John Couch Adams）。1841年，亚当斯还在剑桥大学上学时，就开始着手推断夜空中这颗新行星的位置，以便解释天王星轨道的异常。亚当斯总共花了4年的时间进行计算，在1845年，他把结果交给了乔治·比德尔·艾里爵士（Sir George Biddell Airy）。艾里是皇家天文学家（Astronomer Royal），同时也是在格林尼治的皇家天文台（The Royal Observatory）的台长。不幸的是，亚当斯的请求也像在法国的勒维耶一样被漠视了。当艾里最终注意到亚当斯的预测时，他并没有公开亚当斯的预测，也没有直接授权亚当斯使用格林尼治天文台的望远镜进行搜寻，而是将消息转给了当时，查利斯刚刚接替艾里成为天文台台长的继任者乔治·查利斯（George Challis）。

查利斯立刻发现，亚当斯所谓的预测并没有在天空中指向一个精确的位置，而是可能发现这颗假想行星的一大片天空。如果用剑桥大学天文台的中天望远镜（Transit telescope）对这一大片天空进行全面搜索的话，需要近百次的观察，每一次观察都要持续几个小时。查利斯预计整个搜寻过程需要大约300小时，他耽搁了一段时间才开始观察。当终于开始搜寻时，查利斯两次记录下了海王星，却没能辨认出它。现在再怎么说都为时已晚，因为柏林的伽勒已经首先发现了这颗新行星。

这件事让艾里和查利斯非常尴尬，因为他们在伽勒收到勒维耶的预测之前，就已经从亚当斯那里收到过关于这颗新行星位置的预测了。更糟糕的是，当初他们对亚当斯的预测守口如瓶，也许就是为了确保剑桥大学获得发现新行星的荣耀。然而，亚当斯的计算结果并没有公开发表过的事实，让法国人怀疑英国人是否曾经做出过这样的预测。

海王星命名优先权的国际争端漫长而激烈，但值得称道的是亚当斯和勒维耶都没有参与其中。也许是因为欣赏对方的数学魔法，并且都遭遇过类似的冷遇，两人首次在英格兰相识后，便结下了深厚的友谊。时至今日，人们大多把海王星的发现归功于勒维耶和亚当斯的共同努力。

o o o

成功预测了海王星的存在之后，勒维耶在科学界声名鹊起，并在1854年成为巴黎天文台台长。但在这之后，他取得任何成就所获得的兴奋感都无法与奇迹般地揭开太阳系边缘一个未知世界时获得的相提并论。受到国王的追捧、被科学家们尊为神、名望和奉承，使勒维耶陶醉，他渴望再次拥有那种感觉。于是，勒维耶将研究方向从外太阳系转向了内太阳系。

勒维耶的目标是彻底解析这些行星的轨道：水星、金星、地球和火星。如果他能成功做到这一点的话，那么也许，仅仅是也许，一个与天王星轨道异常类似的天文现象将又会是引人注目的发现。出乎意料地，这种异常现象确实存在，而且与最靠内的这颗行星有关。即使考虑到其他行星对水星的引力作用，这颗行星的轨道仍然与理论预期的轨道有偏差。

勒维耶确信，有一颗行星比水星更接近太阳，1860年2月，这颗行星有了名字。行星一般以古希腊神的名字命名，因为这颗新行星永远逃不出太阳的炙烤，所以用希腊众神之家奥林匹斯山的锻造之王——火神伏尔甘（Vulcan）的名字来命名似乎再恰当不过了。

在将近半个世纪的时间里，天文学家们一直热衷于寻找火神星。随着时间的推移，火神星渐渐失宠了，因为人们什么都没找到。但水星的反常运动依然存在，没有人相信这种现象背后的真相是：牛顿关于引力的看法并不完全正确。这实在是太难以置信、太匪夷所思了。一直到1915年，阿尔伯特·爱因斯坦提出了一种更好的引力理论——广义相对论（general theory of relativity）——取代了牛顿的理论，牛顿不正确的想法才不再匪夷所思。

尽管对火神星的研究走入了死胡同，但对海王星的绝对没有。勒维耶展示了如何利用牛顿的万有引力定律来预测未知的东西，绘制了未知世界的地图。

○ ○ ○

在20世纪的前几十年里，有一种观点认为，海王星的轨道就像天王星的一样受到扰动。事实证明，这不是真的。尽管如此，类似的观点还是引发了对距离太阳更远的“X行星”的搜索，并在1930年2月18日冥王星被发现时达到了顶点。这是唯一被来自牛津的11岁的孩子威妮夏·伯尼（Venetia Burney）命名的行星。[4]

冥王星太小了，甚至比地球的卫星（月亮）还小，因此对海王星的运动不造成影响。在20世纪末，人们在海王星轨道外发现了45.5亿年前太阳系形成时留下的冰冷的建筑垃圾柯伊伯带（Kuiper Belt），冥王星实际上是柯伊伯带中成千上万个在海王星轨道之外、环绕太阳运行的天体之一。因此，国际天文学联合会（International Astronomical Union）于2006年8月将冥王星从行星降级为矮行星（dwarf planet）。

但是，牛顿的万有引力定律似乎还有能力揭示太阳系中的未知天体。2016年初，帕萨迪纳市加州理工学院的两位天文学家指出，至少有6个柯伊伯带天体存在轨道异常。迈克·布朗（Mike Brown）和康斯坦丁·巴蒂金（Konstantin Batygin）声称，这些天体的异常运动是受太阳系外侧的一颗围绕太阳运行的未知行星牵引造成的。[5]与冥王星那样的小行星（asteroid）不同，这颗行星的质量大约是地球的10倍。

布朗和巴蒂金宣称，行星九的轨道距离太阳的平均距离大约是海王星的20倍。由于行星反射太阳光，因此这颗未知行星一定非常暗淡，很难被找到。但是许多天文学家渴望成为新的约翰·伽勒，于是积极寻找行星九。

然而，由勒维耶和亚当斯开创的这项技术的真正成功之处在于，能够探测遥远的系外行星（exoplanets）——通过探测行星的引力拖曳引起的恒星的反常运动，从而发现未知的系外行星。1995年发现的飞马座51b（51 Pegasi b）是第一颗在太阳系以外的普通恒星周围被发现的行星，现在已知的系外行星有4000余颗，而且数量在以越来越快的速度增长。

牛顿万有引力定律揭示的最重要的未知事物是暗物质（dark matter）。尽管暗物质的概念是20世纪30年代由瑞士裔美国人弗里茨·兹维基（Fritz Zwicky）和荷兰人詹·奥特（Jan Oort）首先提出的，但确认其存在的是在华盛顿卡内基研究所（Carnegie Institution）地磁学系工作的两位天文学家。20世纪70年代末至80年代，薇拉·鲁滨（Vera Rubin）和肯特·福特（Kent Ford）发现，旋涡星系（spiral galaxies）外围区域的恒星围绕星系中心运行的速度太快，就像飞快旋转的旋转木马上的孩子一样，这些恒星本应被甩进星际空间。

天文学家解释了这一异常现象。他们认为，旋涡星系中的物质比我们能以恒星的形式看到的要多得多，而正是这种看不见的暗物质提供了额外的引力，牢牢地抓住了最外层的恒星。在整个宇宙中，暗物质的质量是可见恒星和星系的6倍。尽管有人估计，暗物质是未被发现的亚原子粒子或大爆炸遗留下来的木星质量（Jupiter-mass）大小的黑洞，但没有人知道其确切构成。要是你能弄清楚暗物质的身份，就会有诺贝尔大奖在斯德哥尔摩等着你。

第 2 章

超链接世界的诞生——电磁波

仅1小时之前，麦克斯韦的理论还只是猜想，但现在，在国王学院图书馆查阅了参考书，确定了理论中的一些参数后，麦克斯韦已经非常肯定他知道了一些世界上从未有人知道的事情：什么是光！

这个速度与光速如此吻合，看来有充分的理由断定，光本身（包括热辐射和可能存在的其他辐射）是以波动的形式在电磁场中按电磁规律传播的一种电磁扰动。

——詹姆斯·克拉克·麦克斯韦（James Clerk Maxwell）

从人类历史的角度长远来看，比如说从现在算起一万年以后，那时几乎可以将麦克斯韦电动力学定律的发现判定为19世纪最重大的事件。

——理查德·费曼（Richard Feynman）[1]

1887年11月13日，德国卡尔斯鲁厄

就在这一天，海因里希·赫兹（Heinrich Hertz）匆匆吃完早饭，同妻子伊丽莎白（Elisabeth）和小女儿约翰娜（Johanna）吻别后，快步穿过卡尔斯鲁厄的大街来到大学校园。他对今天要做的实验信心十足。一到实验室，赫兹立即拉下百叶窗，打开这几天和助手朱利叶斯·安曼（Julius Amman）一直在搭建的振荡电路。电流从两万伏特的感应线圈涌出时，赫兹听到微弱的噼啪声。起初什么也看不见，直到眼睛适应了黑暗，赫兹才确信，在预留的7.5毫米气隙中有时断时续的火花在闪动。令赫兹满意的是，发射器正在按预期工作，然后他转向了接收器。

在工作台上距发射器1.5米远的地方，赫兹竖起了一圈铜线。线圈上也留有一个很小的气隙。他用螺丝把这个缺口尽可能调小，然后在昏暗的实验室中眯起眼睛盯着那个缺口看。什么都没有发生。

赫兹回到了发射器那里。由于电路的振荡频率非常高，火花在气隙中来回闪烁的速度太快，已无法用肉眼观察到任何闪动。在发射器气隙的两侧各有一根1.5米长的导线，每根导线的另一端都放着一个直径

30厘米的锌球。移动锌球在导线上的位置，就可以改变电路的电容，从而改变火花闪烁的频率。赫兹调节着锌球的位置，同时仔细观察着接收器，以便找到发射器与接收器之间的谐振频率。他这样反复试验了好几次，还是什么都没有发生。

赫兹继续仔细调节锌球在导线上的位置，每次只调整几毫米。整个上午，他都在这样有条不紊地工作着，沉着耐心、从容不迫。终于有了一间自己的专属实验室，赫兹十分高兴，这曾是他在柏林大学（the University of Berlin）时唯一的梦想。1885年之前，赫兹一直在柏林大学担任德国著名科学家赫尔曼·冯·亥姆霍兹（Hermann von Helmholtz）的助手。虽然有悖常理，但他很感激最近席卷德国的经济萧条，因为这次经济大萧条让赫兹所在院系的学生数量锐减，这使得他可以专心致志地投入到研究中。

赫兹又做了一次调整后，站了一会儿，捋着整洁的胡子，脑子里闪过一个念头：这真的有用吗？此时，一种微妙的声音引起了赫兹的注意。他捋胡子的手停了下来，皱起眉头，在接收器旁蹲下去，仔细倾听。

缺口很小，只有百分之几毫米宽，火花不大容易看到，却较容易听到。那里有火花闪烁发出的声音，没错，气隙里的确有火花！

赫兹关掉了振荡器，接收器上的火花熄灭了；再次打开振荡器时，火花又出现了。很明显，有某种看不见的东西通过空气，从发射器传到了接收器！虽然还无法证明，但赫兹心里清楚那是什么。早在15年前，就已经有人预测了这种东西的存在！那是一位才华横溢的苏格兰物理学家，然而很不幸，他已经英年早逝。

1862年10月，伦敦

秋雨初霁，天空晴朗，走出国王学院（King's College），驻足在河滨圣母教堂（St Mary le Strand）的对面，欣赏着雨后街道上积水的反光，詹姆斯·克拉克·麦克斯韦的心情无比舒畅，感觉好像是在天空中自由地飞翔。仅1小时之前，他的理论还只是猜想，但现在，在国王学院图书馆查阅了参考书、确定了理论中的一些参数后，麦克斯韦非常肯定，他知道了一些世界上从未有人知道的事情：什么是光！

一辆运草马车上的车夫大声地呵斥着，将麦克斯韦从冥想中惊醒，他及时跳到了安全的地方，脚差点儿被沉重的车轮碾到。麦克斯韦沿着斯特兰德大街（Strand Road）出发，一路上避让着那些卖花、卖鱼、卖水果的小贩和流浪汉。虽然麦克斯韦习惯每天早上从肯辛顿（Kensington）的家步行4英里（约6.4千米）到国王学院的图书馆，然后坐马车回家，但今天，他迫切地想尽快赶到图书馆，所以反过来，坐车去，走路回。

麦克斯韦穿过特拉法尔加广场（Trafalgar Square），沿着帕尔购物中心东侧，经过干草市场，最后来到了皮卡迪利大街（Piccadilly Road）。麦克斯韦答应过妻子凯瑟琳，今天下午一起去海德公园（Hyde Park）骑马。他原计划直接回家，但来到阿尔伯马尔大街时，一种强烈的冲动使他暂时抛开了与妻子的约会。麦克斯韦将繁忙街道的喧嚣抛在身后，朝着那条街尽头的皇家学会（The Royal Institution）走去。这座建筑拥有新古典主义风格的门面外观和巨大的科林斯式壁柱。

迈克尔·法拉第（Michael Faraday）开创性的电磁实验就是在皇家学会进行的。1825年，这位伟人也正是在此为人们做了那些著名的圣诞演讲（Christmas Lectures）①。自1860年从阿伯丁（Aberdeen）搬到伦敦以来，麦克斯韦本人也在这里做过多次演讲。1861年5月，在一次成功的演讲中，他在大屏幕上投射了一张格子呢缎带的图片，那是世界上第一张彩色“照片”。[2]

法拉第比麦克斯韦年长40岁，已经是一位71岁的老人了，由于身体状况不佳，四年前他就退休回到了伦敦西南泰晤士河畔的汉普顿宫。法拉第偶尔还会去皇家学会坐坐，麦克斯韦希望能幸运地在那里找到这位朋友并分享他的发现，但他运气不佳。麦克斯韦得到了门卫的许可后，下了楼，来到地下室。在法拉第废弃的磁学实验室里，他凝视着积满灰尘的线圈、电池和化学试剂瓶，麦克斯韦十分清楚，要是没有法拉第在这间屋子里进行的实验，他不可能有今天非凡的发现。

o o o

法拉第与麦克斯韦来自完全不同的社会阶层。麦克斯韦是格伦莱尔庄园1500英亩（约607公顷）土地的继承人，该庄园位于苏格兰南部邓弗里斯（Dumfries）附近的乌尔河谷。事实上，一天前，他就是从庄园那里坐火车来伦敦的。相反，法拉第出身寒门，父亲是穷得叮当响的铁匠。② 14岁时，法拉第在牛津街附近的马里波恩（Marylebone）做装订工学徒。几十年前，纽盖特监狱（Newgate Prison）每次用马车押送死刑犯到泰伯恩（Tyburn）行刑场上绞刑架时都要经过这条街。

① 自1825年以来，圣诞演讲一直鼓舞着儿童和成年人，这些讲座由迈克尔·法拉第发起。当时的年轻人缺乏有组织的教育，法拉第自己就做了19个系列讲座，建立了一种令人兴奋地向年轻人展示科学的新方式。

② 令人惊讶的是，法拉第的父亲雅各布靠近马里波恩的铁匠铺，这个在法拉第的生活中占有重要地位的地方竟然没有牌匾。

法拉第的师父乔治·瑞博（George Ribeau）是胡格诺教派（Huguenot）的难民。瑞博曾鼓励法拉第阅读正在装订的书籍，其中许多都是科学著作。为了学到更多东西，法拉第参加了市哲学学会（the City Philosophical Society）的每周讲座。学会的创始人是银匠约翰·塔图姆（John Tatum），这些讲座也都是他在多塞特街附近的家中举办的。法拉第被“应该相信自己能证明的东西”这种思想所启发，他开始用自己微薄的工资能买得起的设备进行科学实验。他还为塔图姆的讲座做了精美的插图笔记，事实证明，这些笔记对改变法拉第的人生至关重要，因为师父瑞博把这些笔记拿给一位来他布兰福德街48号店的顾客看了。

这位顾客就是建筑师、艺术家乔治·丹斯（George Dance），他的父亲是皇家学会的成员。丹斯征询了瑞博的同意后，把法拉第的笔记拿给自己的父亲看。第二天，丹斯带着一张入场券回到瑞博的店，让法拉第参加汉弗莱·戴维（Humphry Davy）举办的系列讲座。这份礼物就像罗尔德·达尔（Roald Dahl）的小说《查理和巧克力工厂》（*Charlie and the Chocolate Factory*）中的金奖券一样，成为法拉第过上更好生活的通行证——尽管不是立刻见效。

戴维是当时最著名的英国科学家之一，发明了矿工安全灯[3]，发现了许多新元素，还和娱乐圈的明星一起发表演说。他的听众有一半是女性，传说风度翩翩的戴维让不少女性为之倾倒。第一次听讲座时，法拉第几乎无法抑制自己的兴奋。那天晚上，他发现自己置身一群喋喋不休的上流社会人士之中，在皇家学会摇曳的火盆灯下排队恭候这位“英雄”的到来。

1812年，跟随瑞博做学徒的生活临近尾声，21岁的法拉第谋得了一个专业职位——听天由命地接受图书装订的差事。似乎冥冥中自有定数，戴维因实验室爆炸而导致暂时性失明，老丹斯让法拉第过去帮忙。

于是，法拉第成了这位自己心目中偶像的助手，度过了几天美好的时光。

帮完忙之后，法拉第担心从此与科学再无机缘。所以他想到了一个主意，利用当学徒时掌握的技能，把他在皇家学会做的演讲笔记装订起来寄给了戴维。尽管希望渺茫，但在平安夜，法拉第还是收到了回信，戴维答应在新年里给他一次面试的机会。面试如约进行，可戴维又说他那里暂时不缺人，这让法拉第很失望。然而，有一天，奇迹发生了，一辆马车停在法拉第家门前，戴维的仆人带来了一封信。信上说，前洗瓶工因为打架斗殴而被解雇了，如果法拉第想要这份工作的话，那就是他的了。[4]

戴维是当时欧洲最伟大的科学家之一，不仅他的祖国——英国封他为爵士，就连当时与英国交战的法国也授予他拿破仑奖（the Napoleon Prize）。但戴维最大的成就是雇用了迈克尔·法拉第。

后来法拉第成了戴维的助手，二人都对电十分着迷。戴维是电化学领域的开拓者，他用电化学技术分离出了九种化学元素，其中就包括钾、钠、钙、钡、锶和镁。

19世纪初，处于科学前沿的电学超出大众的想象。在当时，电学看起来如此神秘、超自然，有些人甚至认为它是邪恶的。1781年左右，路易吉·伽瓦尼（Luigi Galvani）发现，电可以让死青蛙的腿抽动。在这一发现的启发下，早熟的18岁少女玛丽·雪莱（Mary Shelley）于1818年创作了小说《弗兰肯斯坦》（*Frankenstein*，又译为《科学怪人》）。[5]在那个时代，电学最重要的进展是亚历山德罗·伏特（Alessandro Volta）在1799年发明的电池。电池可以产生连续电流，使研究电成为可能。[6]

真正让戴维和法拉第全力投入研究的是来自丹麦的惊人消息。1820年4月21日，汉斯·克里斯蒂·奥斯特（Hans Christian Oersted）

在哥本哈根大学讲学时，偶然注意到，无论何时开通或切断导线中的电流，罗盘指针都会偏离磁北极，并且指针的偏转方式与罗盘靠近磁铁时完全相同。这一发现毋庸置疑地说明，载流导线也是磁铁。接下来，人们自然会猜测，这一发现能否用来解释磁的起源呢？像铁这样的磁性物质内部是否存在不停流动的电流呢？以前从没有人猜到电和磁之间存在着联系。

1821年9月4日，法拉第巧妙地利用了奥斯特发现的效应进行了实验。[7]就在地下室的这间磁学实验室里，法拉第用固定的磁铁和可旋转的载流导线，实现了导线绕着磁铁的持续旋转。尽管这个实验因用到了一槽毒性很强的汞作为导电介质，这使它缺乏实际用途，但它验证了电动机的原理。实际上，法拉第在前一天就发明了世界上第一台电动机，使用的是固定的导线和可旋转的磁铁，而不是固定的磁铁和可旋转的导线。

如果有可能的话，麦克斯韦一定会不惜一切代价，穿过车水马龙的阿尔伯马尔街赶到现场，亲眼见证那块磁铁在一种无形力量的驱使下神秘地旋转，就好像来自遥远未来的某种不可思议的奇迹，通过时间隧道降临在19世纪的伦敦。那天见证这一奇迹的不只有法拉第，还有他14岁的侄子乔治（George）。当时两人兴奋地绕着实验台手舞足蹈，之后还去看了一场马戏，以示庆祝。

显而易见的问题是：既然电流能产生磁，那么磁能不能激发电流呢？直到1831年夏天，法拉第才找到答案。那时，戴维已经去世，法拉第接替他担任了皇家研究所实验室主任。

奥斯特发现电流的磁效应后不久，被称为“电学中的牛顿”的法国科学家安德烈·玛丽·安培（André-Marie Ampère）就发现，将导线绕制成圆柱形的螺线管可以提高磁效应。[8]螺线管的匝数越多，其磁效应越强；但相邻的导线不能相互接触，否则会发生漏电。这就需要在导线之间插入不导电材料，也就是我们常说的绝缘体。

法拉第因而转向螺线管，尝试用磁力生电。那时人们知道铁能极大地增强螺线管的磁性，所以法拉第把铁做成直径为15厘米的环形，在铁环的两边，用导线各绕了一个紧密的螺线管线圈。线圈中相邻导线之间、层与层之间，以及线圈与铁芯之间用布隔开。尽管这两个线圈之间没有电学连接，但法拉第预计，电流流过一个线圈把它变成磁铁时，产生的磁“卷须”将通过空气延伸到另一个螺线管线圈中。

法拉第合上开关，让电流流过第一个螺线管线圈，令他高兴的是，第二个线圈中出现了一股短暂的电流；然后他切断了线圈的电流，另一股稍纵即逝的电流出现在第二个线圈中，但奇怪的是，这一次，电流流向相反的方向。这是一个划时代的发现，法拉第成功地用磁生成了电。

后来法拉第找到了一种更简单的方法来达到同样的目的：只要将条形磁铁插入螺线管线圈中，当把磁铁推进去时，电流流向一个方向；把磁铁拉出来时，电流流向另一个方向。法拉第并不知道其中的原理，但他发现的电磁感应终有一天会改变世界，并将促进大规模发电的发电机的发展。

毫无疑问，电和磁之间存在着密切的联系，但最基本的问题仍然悬而未决。电是什么？磁是什么？尽管这些谜团仍然困扰着法拉第，但经过那些开创性的实验，他已经对电和磁是如何工作的有了一定认识，这引导着法拉第产生了一个激进的（在当时可被称作“异端的”）想法。

当法拉第拿着铁块靠近磁铁时，能真切地感受到磁铁的吸力，于是，他得出结论，磁铁周围的空间中一定散布着某种看不见但真实存在的东西。当法拉第拿着用毛皮摩擦过的琥珀靠近碎纸时，琥珀吸住了细小的纸屑，他由此确信，电荷周围的空间中也充斥着某种真实但看不见的东西。

在法拉第看来，磁铁在周围的空间里建立起磁力场，而正是这个磁力场作用于金属。类似地，带电物体在周围的空间中建立起电力场，而正是这个场作用于碎纸片。想象中，法拉第似乎可以看到这些磁铁、电力场就像一阵风、一团雾，弥漫在空中。

以这种方式看待世界的只有他一个人。在当时，人们都认为起主要作用的是电流，但法拉第坚信电力场才是关键。在他看来，电场存在于导线周围的空间中，是能量的主要载体，导体只是电场的引导者。电流仅仅是次级效应，是导体和电场相交的地方，由电场推动电荷的流动。

关于场的想法揭示了奥斯特和法拉第的发现中赏心悦目的对称性。奥斯特发现的载流导线的磁效应，表明变化的电场会产生磁场；法拉第发现的电磁感应，表明变化的磁场会产生电场。

法拉第“场”的观点之所以不被接受、被当作异端邪说，是因为艾萨克·牛顿的成功。这个有史以来最伟大的科学家已经非常成功地将万有引力——另一种基本力——解释成“瞬间”穿越太空的。根据牛顿的万有引力理论，太阳的引力是直接作用于地球的，在太阳和地球之间不需要传递力的介质。当然，这种“瞬间发生的超距作用”（action at a distance）的想法是荒唐的。事实上，就连牛顿自己也说：“这只是在建立可行理论时使用的一种假设而已。”不幸的是，后来的物理学家们如此拘泥于万有引力理论，以至于忽视了牛顿本人的保留意见，转而执着于超距作用的错误观念。

尽管牛顿本人的思想与法拉第的观点之间并不矛盾，但这对法拉第毫无帮助，因为科学界的其他人并不这样想。法拉第遭到了人们的嘲笑，更令他感到羞愧的是，他是一个出身卑微、自学成才的人，几乎不懂数学，而数学是受过大学教育的物理学家们的通用语言。

具有讽刺意味的是，正是因为法拉第缺乏数学知识，才使他摆脱了牛顿的束缚，或者说，至少是牛顿思想的束缚。也正是这种自由，使法拉第能够在想象中“看到”遍布太空的电场和磁场，并凭借从这种想象中获得的直觉，设计和开展别人想不到的实验。

麦克斯韦几乎是19世纪的数学物理学家中唯一认识到法拉第及其工作重要性的人。像法拉第一样，麦克斯韦也对电和磁的难题产生了一种近乎痴迷的兴趣。1854年2月，时年23岁的麦克斯韦在剑桥大学三一学院（Trinity College）完成研究生学业后，开启了研究生涯。麦克斯韦向物理学家威廉·汤姆森（William Thomson）征求建议，阅读什么书籍才能弄懂令人迷惑的电磁现象。

后来成为开尔文勋爵的汤姆森正在参与一项雄心勃勃的计划，即在大西洋海底铺设英国和美国之间的电报电缆，这相当于当时的阿波罗计划。尽管如此，他还是抽出时间向麦克斯韦推荐了法拉第于1838年出版的《电学实验研究》（*Experimental Researches in Electricity*）。这部三卷本的专著对已知的关于电学的所有知识进行了总结，其中大部分都是法拉第自己的发现。麦克斯韦仔细研究了书中清晰的、非数学性的陈述，觉得自己与作者产生了共鸣。作为实验者，法拉第有着极其敏锐的洞察力，在自己能够证实之前，不接受先入为主的观点。麦克斯韦深受感动，于是决定在将法拉第的著作完全读懂之前，不读任何基于超距作用观点分析电现象的著作。

麦克斯韦对法拉第电场和磁场的观点尤其感兴趣。在一个简单的演示中，法拉第将铁屑撒在一块条形磁铁周围，呈现的图案表明，在磁铁周围的确散布着磁力“线”。当法拉第推介这个观点时，其他科学家都嗤之以鼻，感觉非常可笑。但麦克斯韦反复做过这个简单的实验，他知道法拉第说的是对的。

显而易见，麦克斯韦面临的挑战是：如何用数学语言来表达法拉第的形象化描述。为此，麦克斯韦必须先依据法拉第的实验，搭建一个精巧的模型，以便为法拉第的实验赋予数学意义。这做起来并不容易。他一开始的想法是，磁场和电场看上去像流体，应该受流体流动的数学定律支配，在任何点上流动的速度和方向代表了力线的密度和方向。1857年2月，带着些许不安，麦克斯韦给法拉第寄去了一份他的研究进展的初步报告，题为《论法拉第力线》（*On Faraday's Lines of Force*）。尽管麦克斯韦强烈地感觉到，他和法拉第是同道中人，但他不能确定这位长者是否也有同感。

其实麦克斯韦完全不必担心，对于饱受同行奚落的法拉第来说，能收到一位剑桥大学毕业的物理学家的来信，而且如此看重他做过的实验，这是他一生中最重要的时刻之一。法拉第回信给麦克斯韦说："起初，我真的不敢相信能借助数学来讨论这个话题，后来又惊奇地发现，这些东西竟然与数学规律吻合得那么好。"

法拉第推测，就像磁力线那样，应该也存在着引力线。在麦克斯韦来信的鼓舞下，法拉第征求麦克斯韦对引力线的意见。他知道，这个想法太奇特，势必遭到其他科学家的嘲笑。麦克斯韦很重视这个观点，给法拉第写了一封经过深思熟虑的长信。法拉第在回信中说："你的来信给我带来了你的思维方式和习惯，这是我第一次和别人交流该主题。这将使我受益匪浅，我要反复阅读、深入思考……我要记住你的话，因为这对我来说很重要……给了我很大的安慰。"

虽然年龄的悬殊阻碍了法拉第和麦克斯韦成为最亲密的朋友，但他们相互尊崇。敢于挑战学术权威是二人拥有的共同个性，如果没有对方的支持，两人都不可能取得各自的声誉。就像法拉第一样，麦克斯韦也尝过被人羞辱的滋味。他在8岁时失去了母亲，在格伦莱尔由父亲独自抚养长大。刚到久负盛名的爱丁堡学院的第一天，麦克斯韦就因为自己的外乡口音、社交上的笨拙、自家缝制的鞋子和衣服而遭到同学们的嘲弄，他们称麦克斯韦为呆瓜。

多年来，麦克斯韦一直在努力解释法拉第的实验结果。起初，他认为磁场和电场像流体，后来他设计了一个更好的模型，这个模型赋予了磁力一个非常奇怪的特性，悍然违背了牛顿主义者们所坚信的——两个物体之间的作用力总是沿着它们之间的直线起作用。但奥斯特已经发现，磁力是环形的，当把罗盘悬挂在一根竖直载流导线旁边时，指针并不指向导线，而是与导线成直角；而且，如果绕着导线改变罗盘的位置，指针总是会转到与导线成直角的位置，磁力是环形的，像看不见的旋风一样，绕着导线打转。事实上，正是运用了这种旋风样的力，法拉第发明了世界上第一台电动机。

在麦克斯韦新的精巧模型中，所有的空间，无论是空的，还是被物质占据的，都塞满了能够旋转的微小齿轮。与磁体直接接触的齿轮转动，带动邻近的齿轮转动，邻近的齿轮又带动远处的齿轮转动，依此类推。这样，环形的磁力就穿过空间，从磁铁传到附近的金属上。

但麦克斯韦在解释自己的力学模型时，除了隐形的齿轮，他还设想了可以像轴承中的滚珠一样沿着齿轮之间的通道移动的小珠子，这些珠子代表电流。事实上，麦克斯韦在不断调整他的模型，以此来模拟更多真实世界的特征。例如，在试图重现材料内部的磁性强度取决于材料本身这一事实的过程中，麦克斯韦想到材料内部的齿轮转动的容易程度取决于材料的类型。最终，麦克斯韦让他的齿轮变得有弹性，这样就能让齿轮在物体内部传递力时不损失能量。麦克斯韦在格伦莱尔完成新模型后，才和妻子凯瑟琳返回伦敦。在模型完成的那一刻，麦克斯韦意识到一件非常重要的事情：他炮制的齿轮和珠子的介质正好可以传播波。

以池塘水面上的波纹为例。雨滴溅落引起的扰动先是在水面上形成一个临时的凸起，接下来，这个凸起在回复力（restoring force）——重力——的作用下，向池塘的水平面回落；因水有质量或称惯性，使得凸起部分的下落越过水平面，进而形成凹陷，整个过程会重复多次。当然，水是连续介质，扰动形成的振荡不会一直停留在一个地方，而是会逐渐传递到附近的水面。随着时间的推移，进一步传递到更远处的水面。就这样，一种波浪式的扰动以同心圆的形式，沿着池塘的水面传播开来。

麦克斯韦的齿轮和珠子的介质既有惯性也有回复力，因此，如果这种介质受到振动，类似涟漪的扰动，就会像池塘里的波纹一样通过介质传播。实际上，这是有附带条件的。如果介质是导电的，则波无法传播出去，因为产生的电流会迅速消耗波的能量；相反，波可以通过非导电介质传播，因为这种介质不会产生电流。[①] 这种介电材料包括水、空气和真空等。

麦克斯韦认识到，这种波是由相互垂直、不断振荡的磁场和电场组成的，两者都垂直于波的行进方向。电场在强度上发生衰减时，衰减的电场会自动产生磁场；磁场的强度发生衰减时，衰减的磁场会自动产生电场。这个过程会一次接一次地持续下去，一旦开始，将永远在这种自我维持的电和磁的波动中进行下去。

根据麦克斯韦的理论，这种电磁波的速度只取决于两个参数：表征介质磁性能的磁导率和电性能的介电常数。前一个用来衡量介质对磁场有多大的增强作用，也就是介质的回复力；后一个用来描述介质对电

① 介电材料由一侧有净正电荷和另一侧有净负电荷的分子组成。通常在存在电场的情况下，正电荷将向电场方向移动，这导致分子沿着电场方向排列，这种极化分子的电场总是试图抵制和减少外电场。麦克斯韦将这种现象命名为电介质的极化，对应电荷的移动称为位移，相应的短暂电流叫位移电流。

场有多强的削弱能力，也就是介质的惯性。麦克斯韦知道，这两个量都可以通过真空实验测得。但整个夏天，他都被困在格伦莱尔，手头没有那本包含相关实验结果数据的参考书——那本书就在国王学院的图书馆里。所以，1862年10月的一个早上，麦克斯韦急着赶去国王学院，他甚至没有等到厨师端来早餐，就从肯辛顿大街跑去赶马车了。

伦敦的交通一直很糟糕，因此，在帕丁顿和法灵顿之间，一个全新的交通系统——伦敦地铁大都会线——正在建设中，麦克斯韦想不明白地下蒸汽火车的烟尘、蒸汽问题该怎么解决。然而伦敦是世界上从未有过的城市，地下铁路肯定不是大都市中唯一的大规模工程项目，与此同时，伦敦大都会工程委员会（Metropolitan Board of Works）的总工程师约瑟夫·巴扎尔吉特（Joseph Bazalgette）也在负责建造一个庞大的地下排水系统。

马车抵达滑铁卢桥附近时，麦克斯韦下了车。他闪避着斯特兰德大街上的行人，匆匆经过萨默塞特宫，来到国王学院。在图书馆里，麦克斯韦很快就找到了那本参考书和数据，这些数据都是德国物理学家威廉·韦伯和鲁道夫·科尔劳施在实验中得出的。把这些数据代入自己的理论，麦克斯韦得出了真空中电磁波的传播速度——193 088英里/秒（约310 745千米/秒）。

19世纪40年代末，法国物理学家希波吕特·费索（Hipppolyte Fizeau）对光速进行了实验室测量，得出的结果为每秒193 118英里（约310 793千米/秒）；麦克斯韦的计算结果与这个数值太接近了，不可能是巧合。电和磁之间不仅有联系，电、磁和光之间也有联系！这是一个麦克斯韦事先并未预料到的非凡的发现，他的计算竟然证明了光是电场和磁场中的涟漪——电磁波，这太让人兴奋了。

事实上，在此之前，另一个人已经猜到了电、磁和光之间的联系，那个人就是法拉第。1845年9月下旬，法拉第把一块硼硅酸盐铅玻璃放在磁性很强的电磁铁的南北两极之间，让一盏油灯的光穿过玻璃。一打开电源，法拉第立即观察到了光的偏振变化。① 他兴高采烈地在笔记本上写道："我成功地磁化了一束光。"

法拉第旋转是磁对光有影响的无可争辩的证据，这表明光本身在某种程度上是有磁性的。而且，因为磁与电是相关联的，所以光在某种程度上也必然带电，这是合乎逻辑的。"我碰巧发现了磁和光之间有直接联系，电和光之间也是如此，"法拉第很有预见性地写道，"由此开辟的领域太广阔了，内容是如此丰富多彩。"[9]

独自待在地下室的实验室里，麦克斯韦想象着法拉第听到他证实了光和磁、电和光之间有联系后的反应，忍俊不禁。他是站在巨人的肩膀上才证明了这一点的，而且没有人比法拉第更高了。回到街上，麦克斯韦几乎没有注意到皮卡迪利大街上熙熙攘攘的人群，经过格林公园时还在思考这一发现的含义，他进入海德公园，朝九曲湖（Serpentine Lake）走去。麦克斯韦答应过妻子凯瑟琳会及时回家，然后和她一起去巴塞斯特马厩。大多数下午，他们都会去骑马，麦克斯韦骑租来的马，妻子骑她那匹名叫查理的栗色矮种马，它是从格伦莱尔（Glenlair）通过火车长途运来的。二人通常绕着肯辛顿宫花园（Kensington Palace Gardens）和海德公园骑行，他们最喜欢的还是老家那段从格伦莱尔到乌尔老桥的路，但在烟雾弥漫的伦敦市中心，现在这条路已经是最好的了。

麦克斯韦觉得亏欠凯瑟琳太多，虽然在凯瑟琳身体状况不佳时，他

---

① 当麦克斯韦最终发现光是电磁波，振荡电场与振荡磁场成直角，且两者与波的运动方向成直角时，"偏振"是什么就很清楚了。对于正常光来说，电场（因此也是磁场）在任何平面上都是自由变化的。在正常光的混合波中，电场在所有可能的平面上变化。而极化光中的电场只在一个平面上振荡，这个平面叫极化面。

也经常照顾她，但是就在移居伦敦之前，麦克斯韦感染了严重的天花，多亏凯瑟琳的精心照看，他才死里逃生。凯瑟琳是麦克斯韦的科学助手，两人经常在伦敦住宅的阁楼里做实验。有一次，他们用一个8英尺（约2.4米）长的暗箱借助阳光成像，但由于暗箱像一口棺材而吓坏了邻居们，他们也因此被称为“疯子”。对于32岁的麦克斯韦来说，在伦敦的这段时间是他职业生涯中成就最大的时期。

麦克斯韦沿着巨大的九曲湖旁的人行道匆匆而行。九曲湖是一个人工湖，长达1千米。18世纪20年代，英国国王乔治二世为纪念他挚爱的妻子卡罗琳皇后（Queen Caroline）而修建了它。九曲湖的南岸为1851年世博会建筑旧址，水晶宫壮丽辉煌，是19世纪的建筑奇迹之一。这是一座玻璃—钢架结构的巨大建筑，为了保留原场地中的一些高大的古树，还在设计中增加了桶状的圆顶。查尔斯·罗伯特·达尔文（Charles Robert Darwin）、夏洛特·勃朗特（Charlotte Bronte）、查尔斯·狄更斯（Charles Dickens）和阿尔弗雷德·丁尼生（Alfred Tennyson）等名人都来这里参观过。世博会后，这座水晶宫被拆解，接着迁移到伦敦南部西德纳姆的彭杰庄园重新搭建起来。世博会旧址的西南面是被世人称为“阿尔伯特城”（Albertopolis）的文化中心区。起这个名字是为了纪念女王的丈夫阿尔伯特亲王（Prince Albert），他刚刚于1861年12月去世。阿尔伯特亲王的计划是使这次伟大的博览会以博物馆和学术机构的形式，在这个区域留下一份持久的文化遗产。麦克斯韦曾多次参观新开放的南肯辛顿博物馆。[10]

一艘渡船正从九曲湖对岸的船屋附近经过，天鹅、野鸭和海鸥在船的周围飞翔。但麦克斯韦无心欣赏这一切，他的注意力都被天空中正在迅速变得暗淡的彩虹吸引住了，彩虹与他正在思考的问题密切相关。经过皮卡迪利大街时，麦克斯韦的脑子就被一个念头占据着：齿轮—珠子模型对电磁场的变化速度并没有限制，不管振动得多快，还是多慢，都可以。这可能意味着彩虹的颜色只显示了很小的频率范围。在可见光谱（visible spectrum）两端之外，一定存在着比可见光的频率更高或更低的电磁场波动。通常人们认为彩虹有七种颜色，但是麦克斯韦意识到，除了这些颜色，一定还有肉眼看不见的数以百万计的“颜色”。这是一个非同凡响的、震撼人心的想法。

有那么一会儿，站在九曲湖畔的小路上，耳边虽充斥着海鸥的吵闹声，但麦克斯韦瞬间沉浸在法拉第式的现实场景中：他感到周围充斥着无尽的电磁场，一直延伸到已知宇宙的尽头。那些电磁场就像一片无垠的、看不见的、波涛汹涌的能量海洋，无数的电磁振动充满了所有空间。他——詹姆斯·克拉克·麦克斯韦——是人类历史上第一个意识到这一点的人。

正如英国生物学家弗朗西斯·克里克（Francis Crick）说的那样：“除非亲身经历过，否则很难描述当正确的想法猛然涌现时，那种突然顿悟的戏剧性。你马上就会发现，这个新假设巧妙地解释了许多以前令人费解的事实。现在看来这是多么不言而喻，你可能会自责为什么没有早点想到，然而在想到之前，一切都是迷雾。”[11]

麦克斯韦的脑子转得飞快。有人工制造电磁场振荡的可能吗？有没有可能通过某种尚未发明的技术创造出看不见的电磁波？他看不出有什么理由不能这样做。因此，这一定是有可能的！但现在已经是傍晚，他不能再做白日梦了。麦克斯韦加快脚步，沿着蜿蜒的河岸，穿过马路，来到肯辛顿宫花园。在王宫花园8号[12]（8 Palace Gardens）的前厅里，凯瑟琳已经穿戴好骑行装，等得有些不耐烦了。

1887年12月12日，德国卡尔斯鲁厄

海因里希·赫兹知道，有什么东西穿过了发射器和接收器之间的空间。根据麦克斯韦的理论，如果电磁波从发射器的断续火花中向外扩散，就像被扔进池塘的石头产生的扰动那样，电磁波应在接收器的导电回路中感应出电流，在接收器线圈的空隙中激发出新的火花。赫兹还不能完全确定正在发生的就是这种情况，但他想到了一个办法去验证。

事实上，这个方法实施起来并不容易，赫兹在助手朱利叶斯·安曼（Julius Amman）的帮助下，花了近1个月的时间才准备妥当。现在，在实验室的两扇门之间有一块高4米、宽2米的导电锌板，它牢牢地固定在砂岩墙的正面。赫兹的想法是向锌板发送信号，并尝试用接收器接收反射信号。

这个想法并不新鲜。如果一束波被反射并沿原路传播回来，入射波和反射波就会相互干涉（interference）。当其中一列波的波峰与另一列波的波峰重合时，两列波就会增强；当一个波的波峰与另一个波的波谷重合时，两列波就会相互抵消。其结果是，在某些地方，波的振幅总是很大，而在另一些地方，振幅持续为零。这种驻波（standing wave）似乎冻结在空中，在摇晃晾衣绳时很容易看到这种现象。

赫兹慢慢地把接收器移向离发射器12米远的锌板，他惊讶地发现，移动过程中，火花会周期性地增强、消失，每隔3米重复一次。这正是驻波的特征，也就是赫兹想看到的现象。在赫兹和安曼建造的发射器中，电流伴随间隙中火花的闪烁，激发的电场则以5000万次/秒的频率变化，辐射的电磁波波峰和波谷之间的距离为3米。

毫无疑问，赫兹是第一个人工制造出了麦克斯韦的不可见电磁波，

并成功进行了探测的人。这些电磁波波长6米，这是电磁波完成一次全振荡走过的距离。世界就此永久性地改变了。

o o o

麦克斯韦47岁时就因胃癌不幸去世，没有看到自己的预测得到证实。更令人唏嘘不已的是，麦克斯韦的母亲也是在相同的年龄死于胃癌，而且她生前经历了一次没有麻醉剂的痛苦手术。但在麦克斯韦去世之前，他将自己的电磁理论推进了关键性的一步。

当时，大多数科学家都对麦克斯韦的齿轮—珠子模型困惑不解，他自己也从未指望过有人会拿它当回事。对他来说，这个模型只不过是构建理论过程中的脚手架，并不是理论本身。1873年，麦克斯韦最终拆除了脚手架，完成了理论构建，只用数学方程来描述电场和磁场的行为。

麦克斯韦的4个电磁场方程非常著名，甚至今天仍有人把它们印在T恤衫上，还常常搭配着《圣经》中的那句："要有光！"但实际上，麦克斯韦总共列出了20个方程来描述电和磁，并且方程中没有使用电场和磁场，而是使用了磁势和电势。1885年，英国电气工程师、物理学家奥利弗·哈维塞德（Oliver Heaviside）将这20个方程简化，从而成为现在与麦克斯韦同名的缩写形式（不过，随着20世纪物理学的发展表明，麦克斯韦的原始方程才是最有用的）。只须对麦克斯韦方程组进行简单的变换，就能得到描述电磁波的波动方程。

麦克斯韦在很小的时候就表现出强烈的好奇心，不停地问周围的成年人"这是怎么回事"，当他们给出的答案不能让他满意时，他又会问："这到底是怎么回事呀？"最终，麦克斯韦用电磁学方程发现了电和磁是"怎么回事"。

人们无从知道麦克斯韦最终征服电、磁和光时的感觉，只能靠想象。正如爱因斯坦在征服空间、时间和引力时所说：“在黑暗中寻找真理的岁月里，人们能感觉到但无法表达的，正是那种强烈的渴望以及信心与疑虑的交替，直到突破并且领悟，才画上句号。只有亲身经历过的人才知道，那是什么样的感觉。”

麦克斯韦方程组在许多方面都是标志性的。首先，也是最重要的，麦克斯韦方程组标志着人类对经验世界的看法发生了翻天覆地的变化。从牛顿那个时候开始，物理学家们就习惯了借助日常生活中常见的事物去类比基本物理世界，这也正是麦克斯韦想用齿轮和珠子做的事。但自从放弃了这个脚手架之后，麦克斯韦便获得了对宇宙更深刻的理解，那就是构成现实的电场和磁场在人们熟悉的日常生活中根本就没有可用于类比的东西，它们的本质只能通过数学来描述，数学才是自然界的基本语言。到了20世纪，物理学家们会越来越认可这个真理，因为他们逐渐认识到，引力是四维时空的曲率，原子及其组成只能用抽象的概率波来描述。正如爱因斯坦所说：“牛顿时代结束了，麦克斯韦时代到来了。”

然而麦克斯韦的电磁学理论不仅标志着人类对终极现实的认知发生了深刻的变化，而且孕育了即将到来的几次科学革命。事实上，按照当时的理论，火炉中电磁振动的频率应该是无限的。这一明显与事实不符的结论，使得德国物理学家马克斯·普朗克（Max Planck）在1900年提出火炉中的能量必须存在能量阈值（energy cut-off）。并且，普朗克指出电磁能必须以离散的块或者说以量子的形式产生，能量特别高的那些粒子在火炉中难以产生。这标志着对原子及其组成的现代描述——量子理论——诞生了。

麦克斯韦的电磁学理论也孕育了相对论。光速在电磁学理论中是绝对的，与光源或观测者的运动无关。这一事实促使阿尔伯特·爱因斯坦在1905年提出，光速是构建宇宙的基石，空间和时间不过是流沙。实际上，狭义相对论揭示了时间和空间仅仅是同一事物的不同方面，空间-时间是一个统一的实体。

通过解决存在于麦克斯韦理论中的核心悖论，狭义相对论使我们对这个理论的理解更深入。比如，依照电磁学理论，运动的电荷（例如电子）会产生磁场，从而也改变了其电场。[①] 然而，假如有一个人能把自己缩小到电子那么小，然后跟电子一起运动，那会怎样呢？注意，此时相对于电子，这个人是静止的，所以他看不到磁场，只能看到电场。然而磁场怎么可能对一个人存在，而对另一个人不存在呢？只有一种方法可以摆脱这个悖论。爱因斯坦对待空间和时间的方法是，把它们看成同一事物——时空——的不同方面；我们也可以采取同样的方法，将电场和磁场看成电磁场的不同方面。你可以分别看到多少电场、多少磁场，多大空间以及多长时间都取决于你的运动速度。电磁场是个统一体，光速在其中也应该是相对的。

然而，可以说，麦克斯韦电磁学理论中最重要的部分是“场”的概念。这个概念由法拉第提出，但麦克斯韦给出了数学表述。

法拉第认识到，电磁场是不同于一般物质的新实体，可以在不同地点之间传递效应。他凭直觉认为，最好把电和磁看作通过场而不是通过带电体和电流传递的。当电流在导线中流动时，最重要的不是电流本身，而是在电流附近空间中伸展的场和磁力。将场的地位提升到

---

① 电子是电的基本粒子，是由英国物理学家约瑟夫·约翰·汤姆森（J. J. Thomson）于1897年在阴极射线（cathode rays）中发现的。与隐藏在导线中的电子不同，这种射线是由裸露的电子在真空管的真空中运动表征的。绕原子的原子核运行的电子不仅解释了电现象，而且解释了所有化学现象。电子的流动就像是一场抢座位的游戏。在这场游戏中，电子会在原子内重新排列它们的位置。

超越一切的高度，是法拉第最伟大、最有远见的成就。法拉第预见了物理学的未来。

以现代观点来看，各种场，不仅是电磁场，还有电子场、上夸克场、希格斯场等，才是构成宇宙的终极实体。在这幅图景中，包括电磁力在内的基本力的存在只是为了服从所谓的局域规范不变性，我将在第8章中更详细地解释这一点。值得注意的是，历经几个世纪的实验和理论研究发现的一系列令人眼花缭乱的电磁现象只不过是这个极其简洁、普遍原理的结果而已。

麦克斯韦在他的电磁学理论中把自然界的电力和磁力合二为一。普遍认为，这是继牛顿用万有引力理论统一了天地法则之后，物理学上的第二次大统一。事实上，现在一般认为麦克斯韦是牛顿时代和爱因斯坦时代之间最重要的物理学家。那些曾经在爱丁堡的学校里讥笑他的人，终其余生都会反省自己的错误，而他们的名字早已被人们遗忘了。

麦克斯韦并没有在有生之年看到他的电磁学理论的预测在赫兹的实验中得到证实。尽管麦克斯韦不幸英年早逝，但他比赫兹寿命长。赫兹患上了一种罕见的疾病——韦格纳肉芽肿（Wegener's granulomatosis，WG），免疫系统会攻击血管，主要是攻击耳朵、鼻子、鼻窦、肾脏和肺部的血管。[13]尽管经历了几次手术和许多痛苦，赫兹还是于1894年1月1日死于败血症，当时他只有36岁。

1893年12月9日，在给父母的最后一封信中，赫兹写道："如果有什么事情真的降临到我身上，你们也不必悲伤。相反，你们应该感到些许自豪，并把我看成被特别选中的人之一，虽然注定只能活很短的时间，但活得很有价值。"[14]赫兹不知道他的发现将会改变世界，使20世纪、21世纪的科学技术迅猛发展。当被问及他的发现有什么用时，赫兹说："我想没什么用处。"当被多次追问时，他仍说："一点儿用处都没有。这个实验只不过证明了麦克斯韦是正确的。”[15]

尽管赫兹未能预见到他的发现的用处，但他的发现还是不可逆转地改变了世界：收音机、电视、Wi-Fi、微波炉、雷达……由他的发现催生的技术数不胜数。其中就包括我们习以为常的超链接世界——这个空气中充斥着无数无形、无休止、纵横交错的“声音”的世界，诞生于1887年12月12日，德国卡尔斯鲁厄。

第 3 章

镜子啊，墙上的镜子——正电子

在科学史上，很少有一个方程能预测这么多新奇的东西。“科学有一种迷人的魅力，”马克·吐温说，“根据零星的事实，增添一点猜想，竟能赢得那么多收获！”科学上没有任何类似的东西能比狄拉克方程更正确了。

我认为，反物质的发现可能是本世纪物理学所有重大成果中最大的飞跃。

——沃纳·海森堡（Werner Heisenberg）[1]

“你是怎么找到狄拉克方程的，狄拉克教授？”

“我觉得它很美。”

——保罗·狄拉克（Paul Dirac）[2]

1932年8月2日，加利福尼亚州帕萨迪纳

正电子（positron）的发现是一扇眺望新世界、新宇宙的窗户。如果在英国的那个古怪家伙看到那张照片，应该立刻能意识到它的意义，但是远在6000英里（约9700千米）外的美国人看着照片只觉得它非同寻常。这位年轻的美国人就是物理学家卡尔·安德森（Carl Anderson）。此刻，安德森正坐在加州理工学院古根海姆航空实验室（Guggenheim Aeronautics Laboratory）三楼的办公桌前，在看他经过坚持不懈、努力工作才得到的一张照片。安德森放下照片，开始写论文。这篇论文不仅在未来让他扬名立万，还让他成为有史以来最年轻的诺贝尔物理学奖得主之一。

这一切都要从罗伯特·密立根（Robert Millikan）开始讲起。密立根是一位魅力非凡的物理学家。正是他的不懈努力，使帕萨迪纳市的施罗普学院变成了后来世界闻名的加州理工学院，简称加州理工（Caltech）。让密立根十分感兴趣的是奥地利物理学家维克托·赫斯（Victor Hess）在热气球上做实验时发现的神秘的辐射，这种辐射随着海拔的升高而变得越来越强，这表明这些辐射并非来源于地面，而是来

源于太空。

1912年，赫斯发现这种辐射的时候，人们对辐射的认识都来自不稳定的元素或称为放射性元素，如铀、钍和镭。这些元素的核心或原子核以阿尔法粒子（α粒子或氦核）、贝塔粒子（β粒子或电子）和伽马射线（γ射线或高能光子）的形式发射出亚原子子弹。这三种类型的辐射在穿过空气时，都会使原子电离并溅射出电子。这些电子可以用验电器（electroscope）探测到，或使盖革计数器发出咔咔声。赫斯发现的宇宙射线（cosmic rays）——密立根在1925年发明的一个朗朗上口的名字——可产生酷似放射元素辐射时发生的电离现象。

1929年底，密立根问博士快毕业的安德森是否有兴趣研究宇宙射线，这对年轻的学生来说是求之不得的事情。这位加州理工学院的校长因为测量了电子的电荷而获得了1923年的诺贝尔物理学奖，安德森对他敬畏有加。[3]

密立根认为，宇宙射线是高能γ射线，其能量比地球上发现的任何射线都要高得多，而宇宙射线碰撞到的电子会反弹，就像台球被母球击中后弹开一样。通过测量这种康普顿散射（Compton scattering）①电子的能量，就有可能估测γ射线的能量。密立根建议安德森使用云室（cloud chamber）来完成这项任务。这个由查尔斯·威尔逊（Charles Wilson）于1911年在剑桥发明的非凡装置，可以揭示亚原子粒子的径迹。其原理很简单，是直接效法自然而得的。在自然中，湿润的空气上升，温度渐渐降低，此时，空气会凝结成水珠，从而形成云。威尔逊模仿了这一过程：将湿润的空气注入玻璃汽缸，然后拉动活塞，让

① 亚瑟·康普顿（Arthur Compton），美国物理学家。以他的名字命名的实验，验证了高能光在电子上的散射，从而证明了爱因斯坦1905年提出的光子说，使他获得了1927年的诺贝尔物理学奖。

汽缸内的气体体积迅速膨胀，此时水蒸气会迅速冷却凝结成水珠。

然而要发生凝结，还需要“种子”，比如一粒尘埃，以它为凝结核，水蒸气才会形成水珠。假如水蒸气很纯净，不含杂质，就无法凝结成水珠。在云室中，凝结核可以由电离辐射从原子中剥离电子时产生的微小带电离子提供。

威尔逊用超纯水蒸气填满玻璃汽缸，并将其冷却到通常水珠凝结的温度以下。在这种过冷（supercooled）状态下，水蒸气会以离子为核心迅速凝结，凝结过程在威尔逊云室膨胀冷却的瞬间就完成了。

事实证明，操作这套装置与其说是科学，不如说是艺术。用光照亮云室，就能拍摄到亚原子粒子经过时留下的串珠状的细小水珠径迹。鉴于亚原子微粒小得难以置信，比肉眼可见的最小颗粒还要小1万亿倍，能够拍摄到这些微粒的径迹是一项惊人的成就，威尔逊因此获得了1927年的诺贝尔物理学奖。

密立根明白，如果水珠稀疏，形成的径迹比较细，那么粒子携带的电荷就较小；假如水珠密集，形成一条较粗的径迹，粒子携带的电荷就相对较大。虽然电荷的大小有助于识别宇宙γ射线产生的粒子，但并不足以确定粒子的身份。因此，密立根建议安德森将云室置于磁场中。这将使亚原子粒子的径迹弯曲，低动量的粒子比高动量的粒子更容易弯曲（动量是物体质量和速度的乘积，它表明缓慢移动的重物体和快速移动的轻物体一样，难以改变运动方向）。

然而，宇宙射线及其亚原子碎片的穿透力极强，能够轻松穿过密度很高的厚厚的铅板，这表明这些射线能量巨大，而且速度极快。这样快速移动的粒子穿过云室的时间很短，意味着一般的磁场几乎没有机会使其发生明显的弯曲，产生可测量的偏转的唯一方法是使用最强的磁场。

这个实验是一项巨大的挑战。仅在鲁滨逊天体物理实验室（Robinson Laboratory of Astrophysics）里组装仪器，就花了整整一年的时间。该实验室原本是为了在圣地亚哥附近的帕洛马山天文台（Mount Palomar Observatory）建造一个世界一流的5米望远镜而建立的。[4]1929年10月29日，华尔街股市全面崩盘拉开了经济大萧条的序幕，此时实验经费开始变得紧张，安德森不得不从当地的废品场为实验搜罗材料。幸运的是，他早就有用废弃设备即兴创作的经历，在洛杉矶读高中的时候，就曾经用从汽车修理厂讨来的废旧汽车电池改装出了电学实验的动力装置。[5]

安德森的云室就像一个很浅的饼干盒，深3厘米，长17厘米，嵌在一个螺线管中。螺线管上紧密缠绕的铜线圈通电时，磁场垂直于长径穿过云室。电流越大，磁场就越强，而加州理工学院能提供的最大电流是由古根海姆实验室中驱动风洞的425千瓦发电机产生的。为此，安德森把云室安装在了航空学大楼里。

巨大的电流产生了大量的热，这是安德森面临的另外一个严重的问题。为了防止设备过热，必须用水泵通过缠绕在螺线管周围的螺旋形管道输送冷却水。尽管核心设备——云室——的直径比茶盘大不了多少，但最终，整个设备的重量接近2吨。

设备运行时，场面有些吓人。冷却水以每分钟40加仑（约0.15立方米）的速度抽进来，通过线圈时，被强大的电流加热到接近沸腾，然后用管道输送出实验室，沿着古根海姆实验室的外墙，越过马路，流入邻近的加利福尼亚大街（现在的加利福尼亚大道）另一边的下水道。因为古根海姆实验室的发电机白天要为风洞供电，安德森别无选择，只能在晚上工作。夜幕下，当地的居民看到奥尔登路边一排耸立的棕榈树之间升腾起滚滚的蒸汽时，感到十分恐惧。密立根施展了个人魅力和外交手段，颇费了些周折，才让居民们相信这不会给他们的生命带来任何危险。

更引人注目的是，从古根海姆实验室三楼的窗户里断断续续地射出超新星般的亮光。[6]那是安德森正在使用一盏大功率的弧光灯来照亮粒子径迹，以改善拍摄效果。对于那些在加州理工学院新雅典娜俱乐部享用晚餐后，惬意地在奥利弗小道上漫步的人来说，这就好像是弗兰肯斯坦的怪物复活时的情景。如果此时有人登上古根海姆实验室三楼的楼梯，看到身穿白大褂、戴着焊接眼镜的安德森蹲在设备的线圈旁边的景象，他们也许会惶恐不安的。

宇宙射线实验的成功率低得令人无法相信。来自太空的粒子不可预测，所以安德森永远不可能知道粒子什么时候穿过云室。安德森唯一能做的就是随机启动活塞，同时用灯光照亮云室拍照，然后等待奇迹的出现。不出所料，大部分照片都是空白的。事实上，一年之后，在安德森拍摄的1300张照片中，只有15张照片包含他感兴趣的东西，成功率稍高于1%。这正应了托马斯·爱迪生（Thomas Edison）的那句名言："天才是1%的灵感加上99%的汗水。"

然而，就在那少得可怜的十几张照片中，可以看到一种在15 000高斯的强大磁场中缠绕得十分紧密的螺旋径迹。留下这种径迹的是一种小质量、低动量的粒子，它只可能是电子，并由宇宙射线与云室中的原子核（atomic nucleus）碰撞产生。但是安德森注意到一件奇怪的事情：照片上除了电子在磁场中的螺旋径迹外，几乎每张照片上都有一种与电子径迹相同，但沿相反方向旋转的粒子径迹。这只能说明它是一个带正电荷的粒子，因为磁场会使带正电荷的粒子向相反方向偏转（而电子总是带负电荷）。径迹的粗细程度表明，这种粒子携带的电荷数量与电子的完全相同。但存在带正电荷的电子的想法太可笑了，根本就不值得考虑，安德森的实验一定出了什么问题。

作为实验人员，密立根一丝不苟，但他爱钻牛角尖，判断力较差。密立根简单地认为：宇宙射线是宇宙深处原子诞生时产生的γ射线。[7]如果真如他想象的那样，那么每个γ射线的高能光子应该只会给单个电子狠狠一击。然而，这个想法与安德森的照片大相径庭。照片显示产生了数量大致相等的正负粒子，而且这些粒子的径迹常常是从同一点射出的。

当时质子是唯一已知的带正电荷的粒子，但质子的质量大约是电子的2000倍。安德森拍摄的粒子径迹曲率很大，表明这个神秘粒子比质子轻得多。

查看那些径迹时，密立根对这个反旋粒子的运动方向提出了质疑。他认为，从云室底部的玻璃上反射回来的γ射线有可能使电子向上加速运动，这样也能造成反旋的径迹。密立根的理由是，磁场对从下向上运动的电子的偏转效果与对从上向下运动的正电子的是相同的。

用简单的方法就可以验证这一假设。安德森在云室中间沿着磁场方向插入了一块铅板，当粒子穿过铅板时，速度自然会变慢，之后在磁场中停留的时间会更长，径迹会更弯曲。更弯曲的径迹来自穿过铅板的粒子，据此可以指出粒子的运动方向。

当安德森对实验设备进行改造时，1932年7月30日，奥运会正在附近的洛杉矶如火如荼地进行着。由于经济大萧条，相较1928年在阿姆斯特丹举行的奥运会，只有一半的运动员有钱参加洛杉矶奥运会比赛。为了节省开支，帕萨迪纳市的玫瑰碗体育馆（Rose Bowl Stadium）被改建成了自行车比赛场地。玫瑰碗离加州理工学院不远，如果有空闲时间的话，安德森很想去看看自行车比赛。奥运会热闹非凡，而在圣盖博山脚下的加州理工学院的校园显得寂寥无声。不仅学生们放假离校了，而且因为7月的酷暑，许多教职员工也都外出度假了。

安德森没有离开，他依旧坚持埋头苦干，再次拍了很多照片，尽管大部分都是无用的。但是，在1932年8月2日，安德森得到了一张让他激动的照片。现在，他正盯着这张照片，开始写论文的引言。

一条粗黑的水平线穿过照片中央，那是铅板留下的阴影。这条线上方的细如发丝的粒子径迹比下面的粒子径迹曲率更高，证实了这个粒子确实是向上而不是向下运动的。这是十分罕见的现象，将来，科学史学家们会对此产生很多的争论。但是，令人心跳加速的并不是粒子是否向上运动，而是径迹旋转的方向不对劲。

密立根认为应将这条径迹当作偶然事件从有效数据中排除，安德森对此也心存疑虑。然而，从结果上看，这个只能被解释为轻粒子的径迹太像电子，但它携带的是正电荷，而不是负电荷。安德森犹豫了一会儿，然后，第一次写下了他为这种新粒子创造的单词——正电子。

安德森打算将论文提交给美国《科学》（*Science*）杂志，标题是《易偏转的带正电荷粒子的存在》（*The Apparent Existence of Easily Deflectable Positives*）。他在论文中写道："我们似乎有必要审视一个与电子质量相当的带正电荷的粒子。"这种说法是有争议的。但是安德森能做什么呢？他是一个实验者，只能接受实验告诉他的事实。照片清晰地显示出存在一个带正电荷电子的证据。

要知道，在1932年，人们只知道物质的三种基本成分：电子、质子和中子，而中子是由剑桥大学的詹姆斯·查德威克（James Chadwick）于同年2月才刚刚发现的。[8]这三种粒子构成了原子的基本组成部分。在原子中，电子围绕着由质子和中子组成的紧密球体运动，就像围绕着太阳运动的行星一样。这是物质最终结构的一幅简洁而吸引人的图景。人们最不希望看到的就是另一个粒子破坏了这种完美的结构，没人想要正电子，大自然没有它的容身之地。或许过去有过？

1927年11月下旬，剑桥

当保罗·狄拉克（Paul Dirac）第一次写下描述电子的方程式时，连他自己都被它的美丽所震撼，并为之倾倒。[9]与此同时，一阵恐惧感袭来，狄拉克感觉自己就像一个在空中走钢丝绳的人，虽然完成了惊人的平衡动作，但是一阵微风就可能将他吹落。他的方程就像一个魔法，美丽是方程正确的神秘标志。但如果他被自己骗了呢？如果有个丑陋的真相正等着人们来扼杀它呢？[10]狄拉克忍不住深吸了一口气，以平复紧张的情绪。

狄拉克瘦高笨拙，让人想起竹节虫。人们觉得他是世界上最奇怪的人。周一到周六，狄拉克努力工作，在周日，他会穿着西装、打着领带，到剑桥郊外的乡间散步、爬树、整理思绪。狄拉克的感觉迟钝，简直比斯波克（Spock）还斯波克。当班上有个学生举手说："狄拉克教授，我不明白黑板上的方程式。"狄拉克会回答说："这是你的评价，不是问题。"然后望向教室的中间，等待问题。[11]狄拉克的一位朋友——俄罗斯物理学家彼得·卡皮扎（Peter Kapitza）——试图让狄拉克对俄罗斯文学感兴趣，就送给他一本《罪与罚》（*Crime and Punishment*）。狄拉克读完后，卡皮扎急切地想知道他的看法，可他唯一的评论是："在其中一章，作者让太阳在同一天升起了两次。"

狄拉克可以在别人的陪伴下度过数小时，却不觉得有义务说哪怕一句话，而且如果他偶尔开口，也仅限于"是"或"不是"。尽管狄拉克似乎对日常社交互动的世界感到恐惧与困惑，但对于米老鼠的卡通世界却不会感到困惑，这是他奇特的爱好之一；对于基础物理学的抽象领域就更不会感到困惑了，狄拉克是量子理论和爱因斯坦相对论的绝对权威。

到1927年的秋天，如何将量子理论和相对论结合起来描述电子的问题已经困扰狄拉克好几个月了。事实上，这一问题一直困扰着许多物理学家，毕竟，这是一个无法回避的问题。

量子理论是对原子及其组成的微观领域非常成功的描述。它非常准确地预测了许多实验的结果。除了成功的预测，量子理论还让人们看到了一个微观世界，一个奇幻的、违反直觉的、爱丽丝式的梦幻世界：在那里，原子可以同时存在于多个地方；在那里，物体可以无中生有；在那里，两个原子可以瞬间相互影响——纵然横跨了整个宇宙。

这种量子的怪异表现在很大程度上源于一次非凡的观察：构成物质的基本元素——电子、质子和光子——既可以表现为局部的子弹般的粒子，也可以像池塘里的涟漪一样扩散开来。这些粒子与我们熟悉的日常世界中的事物完全不同。这种对微观世界的疯狂想法最早出现在1900年，但直到20世纪20年代中期，物理学家才构想出了一种可以对原子世界的行为做出精确预测的基本理论。

由奥地利物理学家欧文·薛定谔（Erwin Schrodinger）于1925年提出的薛定谔方程成为了量子物理学的巅峰成果。该理论融合了粒子和波的观点，描述了抽象的量子波动如何在空间中传播。这些波在任何位置的振幅（严格地说，是振幅的平方）决定了在某处发现粒子的概率。[12]然而，薛定谔方程有一个问题，那就是与20世纪早期物理学的另一个重大进展——相对论——并不兼容。

爱因斯坦于1905年发表的狭义相对论指出，光速是构成宇宙的基石，时间和空间不过是流沙。事实上，在接近光速时，空间和时间的界限变得模糊不清，这揭示了时间和空间实际上是同一事物——时-空——的不同方面。如果有人能以接近光速的速度从你身边飞过，那么在你看来，时间会变慢，他们看起来像是在穿过黏稠的糖浆，而空间沿着运动方向的收缩，他们看起来像薄煎饼一样扁平。①

这些反直觉的效应只有在接近光速的时候才会变得显著。光速比喷气式客机快100万倍，远远超出了我们日常生活中的经验。在氢原子中，电子绕原子核内单个质子运行的速度不到光速的1%，薛定谔方程完全可以用来描述氢原子。然而，将电子束缚在原子核上的电力随着原子核中质子数的增加而增强，在最重的原子中，比如铀，这种电力可以让电子以接近光的速度旋转。②薛定谔方程不足以描述这种粒子，只有与狭义相对论相容的方程才能描述，这就是狄拉克一直在研究的问题。

这一问题的挑战在于如何从薛定谔方程中归纳出一个更普适的公式，使得薛定谔方程仅仅是这个公式在速度远小于光速时的特例。物理学中没有现成的方法可用来归纳公式，依靠的是直觉、猜测和信念上的勇敢飞跃。这就像在既没有火把，也没有地图的暗夜里，置身于陌生的环境中，还要猜测周围的景观和地形一样困难。然而，线索还是有的。由于爱因斯坦已经表明，空间和时间是同一事物的两个方面，因此狄拉克知道，他所寻求的公式必须平等地对待空间和时间，还必须包含狭义相对论的另一个关键方面：质量是能量的一种存在形式。

根据爱因斯坦的理论，有质量的实体是永远不可能达到光速的：出于某种未知的原因，光在宇宙中扮演着终极速度者的角色。光速不可达

① 事实上，情况并非如此。虽然狭义相对论预测，相对于你，高速运动的人应该在运动方向上出现收缩，但这并不是你将会看到的，因为另一种效应会起作用。事实上，来自那个运动的人远端的光要比近端的光花更长的时间才能到达你的眼中，这会导致这个人看起来发生了扭曲。尽管他的脸对着你，但你还是会看到他的部分后脑勺。这种特殊的效应被称为相对论性像差（relativistic aberration）或相对论性聚束（relativistic beaming）。

② 氢原子中质子和电子之间的电磁力比它们之间的引力强1亿亿亿亿亿（10^{40}）倍。

到的唯一原因是物质实体本身抵抗被推到光速，这种阻力或惯性正是质量的定义。因此，当一个物体的速度逐渐接近光速时，质量会变得越来越大。由于随着速度的增加，唯一明显增加的是物体的运动能量，不可避免的结论是运动能量有质量。事实上，正如爱因斯坦所认识到的，所有形式的能量，包括运动的能量，都具有等效的质量。

但是就像能量有质量一样，质量也有能量。可以说，爱因斯坦最非凡的发现就是物质是固化的能量，即使是静止的物质也是能量。质能实际上是能量中最致密、最集中的形式，数量大得惊人，用科学上最著名的公式表示为：$E = mc^2$，式中，c表示光速。

人们可能期望，以接近光速运动的粒子的总能量等于其静止能量加上其运动能量。然而，根据爱因斯坦的理论，情况要复杂得多：可以证明，一个粒子的总能量的平方等于它静止能量的平方加上它运动能量的平方。因此，有必要对这个表达式取平方根来求得能量。但是，问题随即产生。正如9的平方根可以是–3和3，相对论能量表达式的平方根也可以是负的。这一结果毫无意义，狄拉克想尽一切办法避免出现这样的结果。因此，他着手寻找直接表达粒子能量的方程，而不是以能量平方的形式去表达。

从技术层面来说，狄拉克要得到的公式应该是，电子总能量等于一个系数乘以静止能量，加上另一个系数乘以运动能量。但狄拉克怎样才能得到这个公式呢？如果这两个系数都是常数，这个公式就不可能成立。对其他任何人来说，这个问题几乎无解，然而狄拉克的天才之处在于，他意识到，如果每个系数都不是一个简单的数字，而是一个二维数组，即一个有两行两列的数值表，那么就有可能得到能量的表达式。

数学家在计算这种矩阵的加法和乘法时有特殊的规则，其中一个关键点是，矩阵A乘以矩阵B不一定等于矩阵B乘以矩阵A，这种属性在日常生活中并不罕见。以色子为例，对色子进行一系列操作的结果与操作发生的次序有关。比如，先将色子绕垂直轴顺时针旋转90度，然后再将色子绕水平轴从上到下旋转90度；但如果只调换一下次序，先将色子从上到下旋转90度，再顺时针旋转90度，这两种方法得到的色子的最终朝向是不同的。[13]因为色子会追踪旋转时所发生的事情，而狄拉克描述相对论性电子所需的矩阵也会记录下这些事情，所以电子也像色子一样：电子在某种意义上可以旋转，也就是说，电子有自旋性（spin）。

事实上，实验早已揭露了电子的这种特性，并且理论学家们一直为之感到困惑。穿越磁场的电子以两种截然不同的方式偏转，就好像是微型磁铁可以指向磁场方向，以一种方式偏转；也可以指向相反的方向，并以另一种方式偏转。[14]磁场是由电流产生的，电流就是运动中的电荷。基本粒子，比如电子携带的电荷，只有在旋转的情况下才能运动。

然而，计算表明，一个电子要产生实验中所表现出的磁力强度，旋转速度必须超过光速。但是根据爱因斯坦的理论，这是不可能的。因此，物理学家被迫接受电子表现得就像在自旋，尽管实际上它并没有自旋。电子的内禀属性量子自旋在宏观世界中没有对应表现，然而，又确实存在实际效应。如果大量的电子跑到你身上，把固有自旋传递给你，你会发现自己在旋转，就像正在单腿旋转的花样滑冰运动员。

为了更好地描述电子，狄拉克不得不使用两列成对数字的矩阵，暗示自旋具有二重性，这正是人们所观察到的现象。虽然自旋在薛定谔方程中不存在，但在狄拉克矩阵的数学形式中自然而然地出现了。

狄拉克在圣约翰学院（St John's College）的一间书房里工作。墙上既没有字画，也没有任何其他装饰物，如果不是靠墙放着一张古色古香的靠背椅，那他的书房与一间空教室没有多大区别。狄拉克早上的工作效率最高，他坐在一张简单的折叠桌旁，低着头，用铅笔在纸片上乱写一气，偶尔才停下来用橡皮擦擦出现的错误，或者在几本参考书中查看一些东西。只有当男仆（也叫校工）蹑手蹑脚地进来给炉火添煤或给他送茶和饼干时，书房里的沉寂才会被嘎吱嘎吱的开门声打破。

到1927年11月底[15]，狄拉克已经尝试并抛弃了许多数学公式。就在那时，他魔术般地变出了一种对电子的描述，这种描述同时尊重了两种理论的约束，就好像不可思议地将圆弧变成了直角。狄拉克很难相信，他找到了自己一直苦苦寻求的东西。能使他确信的证据是，这个公式中似乎有些天赐的东西，那就是简洁、优雅和美丽。他一个人类怎么可能创造的出来呢？这或许是造物主的一个想法吧，从天堂飞降下来，落在了他的纸面上。

狄拉克方程不仅描述了一个具有电子质量的粒子，还描述了一个和实验中发现的、完全相同的、有自旋和磁场的粒子。检验这一结果最简单的方法就是把它应用到自然界最简单的原子——氢——上，氢的单个电子的能级已由实验精确地测得。然而，狄拉克太害怕失败了，他没有勇气用公式对此做出精确预测，他只是做了一个近似的估算。令狄拉克宽慰的是，预测与实际吻合。但尽管这样，他还是不敢再往前走了。

差不多过去了一个月，狄拉克没有向任何人透露过他的发现。直到圣诞假期，在他将要离开剑桥出发前往位于布里斯托尔（Bristol）的父母家之前，他偶然碰到达尔文，这才打破了沉默。查尔斯·加尔顿·达尔文（Charles Galton Darwin），一位杰出的理论物理学家，就是那位著名的生物学家查尔斯·罗伯特·达尔文（Charles Robert Darwin）的孙子。达尔文对狄拉克所说的内容印象深刻，圣诞节的次日，达尔文写信给丹麦量子物理学家尼尔斯·亨利克·戴维·玻尔（Niels Henrik David Boh）

说："狄拉克现在有了一套全新的方程组，在任何情况下都能正确地预测电子的自旋，似乎就是'那个东西'。"

1928年元旦，狄拉克向皇家学会提交了一篇论文《电子量子论》（*The Quantum Theory of the Electron*），一个月后正式刊出，引起了轰动。[16]用美国物理学家约翰·凡·弗莱克（John Van Vleck）的话来说，狄拉克对电子自旋的解释堪比"魔术师从大礼帽里变出兔子"。

然而，狄拉克方程的成功是付出了代价的。一开始，他试图排除负能量电子的存在，但惨遭失败。他美丽的方程包含了两组"2 × 2"矩阵，一组代表正能量的电子，另一组代表负能量的电子。①

在"经典"或早期的量子物理学研究中，一种理论抛出这种难以理解的"解决方案"并不罕见，物理学家们只是简单地反驳说："自然选择不会这么做的。"然而，在量子理论中却不能这样说。"任何不受禁止的东西都是强制可能的。"美国诺贝尔奖得主、物理学家默里·盖尔曼（Murray Gell-Mann）说。换句话说，像电子这样的粒子，从任何可能状态跃迁到任何其他可能状态的概率是非零的，其中就包括狄拉克的负能量状态。

狄拉克发现，只有在电子具有自旋时，爱因斯坦的狭义相对论才成立，这是一个巨大的胜利；但他也发现，只有允许电子同时具有正能量和负能量时，才能与狭义相对论相融，这是彻头彻尾的灾难。

物理学家们为狄拉克方程的美所震撼，对其预测现实世界的能力感到震惊，但是许多人对他预测的负能量电子深感不安。对于德国量子学先驱沃纳·海森堡而言，这证明了这个方程是病态的，而且很可能是错误的。"现代物理学最可悲的一章是并且仍然是狄拉克的理论。"他在

① 事实上，为了将两者都包括在方程中，狄拉克被迫使用四行、四列的矩阵，后来这个矩阵被称为伽马矩阵。

给沃尔夫冈·泡利（Wolfgang Pauli）的信中这样绝望地写道。这位奥地利同行对此表示同意，在泡利看来，狄拉克方程的弊病是无可救药的，其预测与实验的一致只不过是侥幸而已。

狄拉克本人并不像其他物理学家那样，他对自己的方程组中令人不安的负能量特性毫不担心。狄拉克擅长的是最抽象的基础物理，但最初，他是作为一名普通的电气工程师接受培训的，本质上是一名实用主义者。狄拉克的方程，预测精确度之高，已经在实验中达到了空前的程度。如果是有什么东西起了作用，那么，狄拉克确信这个东西一定无限接近真理；但如果在某些方面失败了，那可能也只是需要一些调整。他所要做的就是想出解决的办法。

造成海森堡绝望的一个主要原因是狄拉克方程的负能量解威胁到了物质的高度稳定性。在日常世界中，物体趋向减少势能。所谓势能，就是可以做功的能量。比如，如果有机会，球总是试图从山顶跑到山下，把势能转化为运动的能量。也就是说，在山顶，“球的重力势能比较高”；而在山下，“球的重力势能相对较低”。

狄拉克方程的问题是，如果电子可以处于负能量的状态，那么就没有什么可以阻止世界上所有的电子头也不回地减小势能进入这些状态。那么物质将是不稳定的，就像一个球滚到山脚下一样不可避免。狄拉克方程招致了世界的灾难。

情形看起来不妙，但在1928年的秋天，狄拉克设法拿出了一个避免灾难的激进想法。按理说，这是科学史上最荒唐的想法之一。

狄拉克指出，物质是稳定的，所以根据定义，宇宙中所有的电子都没有落入负能态。这么看，方程的错误似乎不可避免，因为负能态不存在。但是，方程取得了太多辉煌的成功，绝不应放弃。因此，狄拉克提出了物质没有落入负能态的一种解释：没有位置了。为什么？因为负能量的电子已经填满了所有负能态。[①]

这个想法的确很疯狂，但这并不构成否定它的理由。关键在于狄拉克的想法是否与现实相矛盾。如果我们真的生活在负能量电子的汪洋大海之中，我们当然能注意到，但狄拉克争辩说不会。在正常情况下，我们会注意到周围的空气吗？鱼会注意到游过的水吗？

通过假设负能量电子的汪洋大海来解决物质稳定性的难题，狄拉克成功地弥补了方程的首要问题。然而，这样解释了之后，他又制造了另一个麻烦。毫无疑问，这个巨大的负能量电子海洋的世界会导致各种后果。例如，一个负能量的电子可能会被光子偶然击中，如果电子因此获得足够的能量，就会逃离“大海”，变成一个正常的正能量电子。

这个世界上突然出现了一个正能量电子，就像兔子凭空从帽子里蹦出来一样，这种说法着实令人吃惊。但是，当狄拉克按照他的推理得出合乎逻辑的结论时，他意识到了另一个问题：出逃的电子会在负能量电子的海洋中留下一个空穴。狄拉克知道这样的实验：如果原子内部的电子受到高能X射线的激发，便会从原子中逃出，在原子中留下类似的空位。值得注意的是，这个空穴的表现与一个带正电荷的电子的表现完全相同。因此，狄拉克提出，当一个电子从负能量海洋中被激发出来时，所留下的空穴会表现得与带正电荷的粒子完全一样。换句话说，一个高能光子产生的粒子不是一个，而是两个：一个电子加上一个带正电的电子镜像。这个过程被称为电子偶的产生。

---

① 每个负能态只能容纳一个电子，这一事实很重要。如果每个负能态可以容纳任何数量的电子的话，负能态就不可能被填满，正常电子就会不断地落入，物质也就不会稳定。然而，量子理论允许存在两种不同类型的粒子：具有半整数自旋的粒子和具有整数自旋的粒子。自旋的最小可能取值或自旋量子数是某一数量的一半。具有半整数自旋的粒子被称为费米子，具有极强的排他性，每个量子态只能容纳一个；而后者被称为玻色子，是极其合群的，并且很高兴聚集在一起共享一个单一的状态。电子就是费米子。

狄拉克没有足够的勇气假设一个全新的亚原子粒子的存在。这个质量与电子相当，但电荷相反的粒子是他基于凭空变出来的一个数学公式假设的。因此，他做出了更为谨慎的选择。当时，已知的唯一带正电荷的亚原子粒子是质子。所以狄拉克提出，电子带正电荷的镜像就是质子。然而质子的质量大约是电子质量的2000倍，破坏了电子偶产生时的对称性，这一细节我们将留在以后讨论。在当时，如果一种新的基本粒子在物理学家们看来是多余的，那么这种想法就会遭到强烈抵制。狄拉克不愿参加这场战斗，所以他选择了回避。

根据狄拉克的朋友、俄国物理学家彼得·卡皮扎的说法，对于那个带正电荷的粒子就是质子这件事，狄拉克从未当真。狄拉克之所以提出这个想法，只是不想面对其他物理学家的嘲笑：“狄拉克教授，你的反电子在哪里？”

事实上，质子永远不可能成为科学魔法预测的电子偶的有力候选者。美国物理学家，也是后来领导制造原子弹的曼哈顿项目的罗伯特·奥本海默（Robert Oppenheimer）指出，如果高能光子可以制造出电子和质子，那么质子和电子相互湮灭（annihilation）的逆过程也有可能发生。这将导致物质变得非常不稳定。原子只有在其质子不与游离电子碰撞的情况下才能存活，每时每刻，它们都极有可能在γ射线的闪光中消失。

尽管狄拉克对他的发现有十足的把握，但在很大程度上，正是由于奥本海默的表态，最终鼓励狄拉克把他已经知道的东西公之于众。1931年5月，狄拉克又向皇家学会提交了一篇论文，讨论为什么电荷以离散或量子形式出现。在论文中，狄拉克预测了“存在一种实验物理学还未观察到的、具有与电子相同质量和电荷的新粒子”。[17]他称之为反电子（antielectron），并且写道：“由于这种粒子与电子复合得非常迅速，我们不应期望在自然界中发现它们，但如果能在高真空环境下的实验中产生，这种粒子将相当稳定，并易于观察。”

1931年10月下旬，狄拉克在普林斯顿大学的一次演讲中更进一步阐明：“反电子不应被视为数学上虚构的粒子，应该有可能通过实验手段探测到。”[18]

狄拉克想象两个高能光子碰撞会产生一个电子和一个反电子。他对很快发现这一实验结果并不乐观，因为在可预见的未来，实验人员不太可能获得如此高能量的光子。狄拉克一定知道，宇宙射线具有极高的能量，通常比放射性原子核喷射出的粒子高出数千倍，当它们撞击大气中的粒子时可能会产生反电子，但他似乎对此并没做出什么反应。这可能是因为剑桥那些与狄拉克熟悉的实验物理学家们感觉宇宙射线不够有趣，不值得研究，并认为帕萨迪纳市的密立根是在浪费时间。

狄拉克不仅预测了电子的配偶粒子的存在，而且还在1931年5月向皇家学会提交的论文中指出，就像对电子的相对论描述意味着反电子的存在一样，对质子的相对论描述也意味着反质子（antiproton）的存在。大自然一定复制了所有的基本粒子，存在一个由正电子和负质子组成的镜像世界——一个反物质的宇宙。后来，狄拉克坦承“我的方程式比我聪明”。[19]

狄拉克写出了非常好的方程，并且勇于承认其现实意义，动机无非是一种使量子理论和狭义相对论在数学上保持一致的强烈愿望。这个方程式预测的许多东西，后来都被物理学家们在实际实验中观察到了，包括量子自旋的存在。但出乎意料的是，狄拉克的方程式还预测出迄今为止构成世界的似乎一成不变的那些东西——物质的基本粒子——竟然可以被随意创造和摧毁。而且，如果这还不够令人震惊的话，为了让这样的创造和湮灭过程发生，一定存在着由反物质构成的镜像宇宙。

在科学史上，很少有一个方程能预测出这么多新奇的东西。“科学有一种迷人的魅力，”马克·吐温（Mark Twain）说，“根据零星的事实，增添一点猜想，竟能赢得那么多收获！”[20]科学上没有任何类似的东西能比狄拉克方程更正确了。

假设存在一种从未有人见过、也没有任何存在必要的亚原子粒子，至少是有争议的。但布丁的好坏，要吃了才知道。对于狄拉克来说，最大的问题是：反电子真的存在吗?

1932年秋，加利福尼亚州帕萨迪纳市

卡尔·安德森仅仅发现了一条能够表明带正电荷、具有电子质量的粒子径迹，这太让他担心了，显然证据不够充分。为此，安德森甚至考虑联系《科学》杂志撤回他的论文。但是太晚了，论文已开始付印了。

1932年9月1日，论文如期发表。其他物理学家的反应要么是漠不关心，要么是完全不信。埃德·麦克米伦（Ed McMillan）是安德森在加州理工学院读本科时的好朋友，他在安德森面前挥舞着一本《科学》杂志说：“这是在胡说八道些什么呀？”密立根已经确信宇宙射线实验出了问题，这才产生了如此不可思议的结果，所以他也不支持该论文。安德森的自信心因此遭受了打击，他怀疑自己是个彻头彻尾的傻瓜，也担心自己在年仅27岁的时候就在不经意间断送了自己的科学生涯。

也许，如果安德森能意识到他发现的是什么，情况就会有所不同。但安德森完全不知道，他所探测到的粒子早已被剑桥的保罗·狄拉克预测到了。奥本海默每年都要在加州理工学院待上几个月，最近安德森一

直在听奥本海默的晚间讲座，并且他们详细探讨了狄拉克的空穴理论。但奇怪的是，安德森没能把狄拉克的空穴和他在古根海姆的云室中发现的特殊粒子联系起来。更不可思议的是，奥本海默居然也没注意到这一点。尽管奥本海默知道狄拉克关于带正电的电子的预测和安德森在实验中的发现，但令人费解的是，他并没有把这两者联系起来。

然而，安德森的一位同事却发现了这些联系。数学家鲁道夫·兰格（Rudolph Langer）了解狄拉克的反电子理论，也看过安德森拍摄的一条带正电荷的轻粒子径迹的照片。在读了安德森发表在《科学》杂志上的论文后不久，兰格向该杂志提交了一篇很简短的论文。他在论文中明确指出，安德森探测到的粒子实际上是狄拉克的反电子。不幸的是，兰格在物理学界既不出名，也不受重视，所以他的论文被忽视了。

更糟糕的是，在6000英里（约9700千米）外的剑桥大学，似乎既没有人察觉到安德森的实验，也没有人知道兰格在《科学》杂志上发表的论文。卡文迪什实验室（Cavendish Laboratory）的物理学家们只有自己做一下实验，才会明白发生了什么。

一年前，密立根在剑桥讲学，并展示了在加州理工学院拍摄的一些有趣的云室照片（就是安德森拍摄的）之后，帕特里克·布莱克特（Patrick Blackett）进入了宇宙射线研究领域。这之后，布莱克特说服了卡文迪什实验室的主任欧内斯特·卢瑟福（Ernest Rutherford），让他进入宇宙射线研究领域。卢瑟福是那个时代伟大的实验物理学家和原子核的发现者。布莱克特与意大利物理学家盖斯佩·奥恰里尼（Guiseppe Occhialini）合作，这对搭档偶然发现了一个聪明的办法——利用盖格–米勒管（Geiger-Muller tube）与云室一起观察来自宇宙射线的碎片。

盖格–米勒管，或称盖革计数器，是一根充气玻璃管。当辐射粒子穿过玻璃管时，会在气体中撞击出电子，这些电子被高压放大成可测量的电流。布莱克特和奥恰里尼将一个盖革计数器置于云室上方，另一个置于云室下方；只有在两个计数器都记录到电流的情况下，才触发云室，从而巧妙地确保每张照片都包含粒子的径迹。安德森的实验全凭运气，发现正电子的概率并不大，而在剑桥大学卡文迪什实验室进行的实验则有绝对的把握，他们拍摄到了大量的粒子径迹。

狄拉克也搞不清楚他到底是从哪里听说发现了反电子的，但很可能是从布莱克特那里听说的。布莱克特和奥恰里尼获得的显示正电子存在的宇宙射线簇照片非常轰动，甚至登上了报纸的头版。到1932年12月中旬，对正电子的存在已经毋庸置疑了。狄拉克证实了卡文迪什实验室获得的电子偶的径迹照片与他的理论是一致的。令他恐慌的日子一去不复返了，没有任何丑陋的真相（无论是实验的，还是理论的）会跳出来破坏他那美丽的方程式了。狄拉克在科学史上第一次预测到了一种新的基本粒子的存在，令人惊讶的是，狄拉克仅仅是依靠凭空杜撰的理论，几乎没有任何来自实验的诱导。

毫无疑问，布莱克特和奥恰里尼提供了正电子存在的最佳证据。事实上，布莱克特甚至比安德森更早就观察到了正电子效应，却没有对其给予重视。尽管布莱克特做出了关键性的贡献，但他总是谨慎地把正电子的发现归功于安德森。[21]

安德森与宇宙射线的发现者赫斯共同分享了1936年的诺贝尔奖。狄拉克也很荣幸地和薛定谔共同获得了1933年的诺贝尔奖。

安德森将是连续三代荣获诺贝尔奖的实验物理学家派系的一员。不仅他的导师罗伯特·密立根获得过该奖项，他的学生唐纳德·格拉泽（Donald Glaser）后来也因发明气泡室而在1950年获得该奖项。气泡室类似云室，可以显示亚原子粒子的径迹。

○ ○ ○

事后看来，电子偶的产生和反物质的存在都不足为奇。事实上，将量子理论和狭义相对论的描述结合起来描述电子或任何亚原子粒子是必要的。

物理学的基石之一是，能量既不能被创造，也不能被消灭，只能从一种形式转化为另一种形式。在由狭义相对论统治的世界里，质量本身就是能量的一种形式，这不可避免地对能量守恒定律造成了影响。光子的运动能量可以转化为产生物质的亚原子粒子的质量能量，即创造物质；亚原子粒子的质量能量可以转化为光子的运动能量，即消灭物质。

量子理论对电荷的创造和毁灭的过程施加了严格的限制：像能量一样，电荷也不能被创造或消灭。电荷守恒定律是指在物质的创生过程中，不带电荷的光子不能变成其他带电荷的单个亚原子粒子。但是，单个光子可以变成两个带有相反电荷的相同粒子，以使两个粒子的净电荷为零。类似地，在物质的毁灭过程中，单个带电粒子也无法变成光子，必须有两个带相反电荷的相同粒子才行。因此，可以得出这样的结论：在物质的产生过程中，光子必须同时产生粒子和反粒子（antiparticle）对；相应地，物质的毁灭也需由粒子和反粒子对相互湮灭，形成光子（实际上还有另一个限制，那就是动量守恒定律，该定律规定物质和反物质对的湮灭必然产生两个相同的、传播方向相反的光子）。

“想想二进制，”小说家约翰·厄普代克（John Updike）说，“当物质与反物质对相遇时，两者都会消失，变成纯能量，但两者都存在过。我的意思是，有一种状态称为‘存在’。想象一下，+1和–1放在一起，或者说加起来变成了零，没了，消失了，什么都没有了，对吧？反过来，在+1和−1消失的地方，想象+1和−1曾经在一起，然后将二者分开，不做加法……现在有东西了，就在曾经一无所有的地方有了两个东西。”

正如厄普代克所强调的，狄拉克方程揭示了一个从绝对虚无中产生物质和反物质的未知世界。这个方程优雅而对称，如此优美的方程的确是狄拉克像变魔术那样凭空变出来的。今天，狄拉克方程受到了物理学家的普遍赞赏。美国物理学家、诺贝尔奖获得者弗兰克·维尔泽克（Frank Wilczek）说：“在物理学所有的方程中，或许最神奇的就是狄拉克方程。它是受实验影响最小、最自由的创造，却给出了最奇特、最令人吃惊的诸多结果。”[22]

狄拉克被认为是所有科学预测大师中的佼佼者。为纪念这位物理学家，伦敦威斯敏斯特教堂将他的方程镌刻在一块方形地砖上。

之所以人们普遍赞赏狄拉克的方程，不仅是因为它的美，还因为狄拉克在创作它时所表现出的大无畏精神。“狄拉克取得了突破，找到了物理学研究的一种新方法。”另一位诺贝尔奖得主、物理学家理查德·菲利普斯·费曼（Richard Phillips Feynman）说，“他先是勇敢地猜测出方程的形式，然后再尝试解释它的含义，这个方程我们现在称为狄拉克方程。”[23]费曼，一位公认的物理学预测大师，却未能建立狄拉克那样的方程。他说：“我认为，推导方程式可能是获得目前未知的物理学定律的最佳方法。”但费曼承认这不是他的强项，“我还很年轻的时候，试着猜测过这个方程，也见过很多学生都试过，但很容易陷入完全错误的、不可能成功的死胡同”。

正如狄拉克自己所说：“我喜欢方程，只是想寻找美丽的数学关系，也许根本没有任何物理意义。我认为，这是我的一个怪癖，只是有的数学关系有用处吧。”[24]狄拉克把他此次的数学预测描述成：“只是简单地寻找美丽的数学。后来才发现这项工作确实有用处，算是瞎猫碰上死耗子，运气好罢了。”[25]

在寻找“美丽的数学”时，狄拉克就像一位艺术家、诗人或小说家，让数学轻轻进入他的潜意识。他说：“只要有包容的秉性和谦逊，那么数学将会在你不知所措、只能等待时，一次又一次牵着你的手引导你。数学引导我走上了一条意想不到的道路，一条开辟新前景的道路，一条通向新领域的道路。在那里，可以建立行动基地，据此可以调查周围的环境，并筹划未来的发展。”[26]

狄拉克被数学如此完美地描述了自然这一事实深深地震撼了。他说：“这似乎是自然的基本特征之一，基本的物理定律可以用非常美丽和强大的数学理论加以描述，但需要相当高的数学水平才能理解。你可能会问：为什么大自然是按照这样的方式构建的呢？我只能回答，人类目前的知识表明，大自然好像就是这样构建的。我们只能这样接受。”狄拉克继续推测：“也许可以这样说，上帝是一位顶级数学家，使用高深莫测的数学知识创造了宇宙。”[27]

狄拉克从未完全放弃过空穴理论。事实上，至少在20世纪70年代之前，他一直坚信这个理论。尽管同行们早已完全放弃了这个理论，但这丝毫没有动摇他的信心。“这根本不是理论。”玻尔嘲讽道。事实是，尽管空穴理论对大多数人来说没有什么意义，但它得出了与现代电子理论相同的结果，因此实际上是伟大的洞见。用荷兰诺贝尔奖获得者杰拉德·特·胡夫特（Gerard't Hooft）的话来说，就是：“天才！”[28]

但空穴理论的确不是必要的，而且事实上也无法解释被称为玻色子（boson）的亚原子粒子的反粒子的存在。玻色子不像电子，任何能态容纳玻色子的数量都没有限制。事实证明，反物质是量子理论和相对论结合的普遍结果。

在反物质的现代图景中，弥漫、渗透到所有空间的场才是最基本的东西。我们最熟悉的场是电磁场，可以创造或毁灭场中不可分割的块或称量子，也就是众所周知的光的光子（如手电筒发出的光，或被黑猫吸收的光）。另一个场是电子场，像电磁场一样，电子场也可以创造和毁灭电子场中的量子——电子和正电子。

正电子并不像人们想象的那样罕见，它在自然界中经常从不稳定的原子核发射出。不仅中子过剩的原子核可以通过射出电子，把中子变成质子来达到稳定，而且质子过剩的原子核也可以通过发射正电子，把质子变成中子来达到同样的目的。射出的正电子在遇到电子并湮灭为高能光子之前走过的距离非常短，这就是1932年之前没有人发现正电子的原因。

然而，现在已证明，发射正电子的原子核在医学成像中是极其重要的。在使用正电子发射层析术（Positron-Emission Tomography，PET）时，需将一种含有能够发射正电子的原子核的材料注入人体。当正电子遇到电子时，会产生一对反向发射的光子。通过探测这对光子，可以回溯湮灭的位置，从而用计算机绘制人体的3D图像。

想寻找到反质子，必须等待具有足够能量的粒子加速器（Particle accelerator）出现，它能产生比正电子重约2000倍的粒子。加州大学伯克利分校终于在1955年制造出高能质子同步稳相加速器（Bevatron），实现了寻找反质子的目标。一年后，反中子（antineutron）也被发现了。自然界所有基本亚原子粒子的反粒子都被找到了。

创造一个由正电子环绕反质子的反原子是一项艰巨的实验挑战，因为必须在二者形成的同时，有效减慢两个反粒子的速度，才能实现二者的结合。但在1995年，日内瓦附近的欧洲粒子物理实验室（CERN）的物理学家使用了低能反质子环（the Low Energy Antiproton Ring，LEAR）来减慢而不是加速反质子，从而成功地将正电子和反质子结合在了一起，创造了9个氢的反原子，尽管每个原子仅存活了40纳秒。

反物质有可能成为完美的火箭燃料，这是因为当反物质遇到物质时，其质量的100%都会转化成能量。因此，按照同等质量换算，反物质燃料能够提供的能量最高，可以达到同等质量核燃料的100倍。反物质火箭（antimatter rocket）需要携带的燃料最少。要知道，燃料质量对火箭来说可是个大问题，因为所有的燃料都要和火箭一起被推进。

尽管《星际迷航》中由反物质驱动企业号星舰实现了为期5年的航行任务，前往人类从未去过的地方冒险，但想要在现实中制造以反物质为燃料的宇宙飞船却面临着诸多无法克服的困难。首先，反物质的储存是个大问题，千万不能让反物质接触到火箭上的普通物质，否则将导致灾难性的爆炸。也许可以考虑把反物质装在磁瓶（magnetic bottle）中。其次，物质–反物质湮灭的产物是高能光子，这些光子会向四面八方溅射，而不会向推动火箭前行的后方喷射。

但是，制造反物质火箭的最大问题，实际上是如何积累足够量的反物质。到目前为止，人类只能制造出极少量的反物质，并且需要付出巨大的代价。假定人类能制造出大量的反物质，足以驱动探测器到达最近的恒星半人马座阿尔法星（Alpha Centauri），那么制造这些反物质所消耗的能量将远远超过在其湮灭过程中释放出的能量。

反物质是否可以用来为星际飞船提供动力，仅仅是个小问题。更重要的问题是，为什么我们生活在物质世界中？要知道，所有已知的粒子生成过程，比如电子偶的产生，都会生成等量的物质和反物质。1933年12月12日，狄拉克在斯德哥尔摩举行的诺贝尔奖颁奖典礼上谈到了这一点：“如果接受正负电荷完全对称的观点，那么就自然的基本规律而言，就必须将地球（想必整个太阳系也是）看成一场意外，因为其中负电子和正质子拥有绝对的优势。很有可能，一些恒星是以另一种方式，也就是主要由正电子和负质子的组合构成。实际上，每种恒星可能各占一半。这两种恒星的光谱完全相同，并且无法通过现有的天文学方法来区分它们。”

正如狄拉克所指出的，反物质恒星会像正常物质构成的恒星那样辐射光子。但是狄拉克又说，如果宇宙中有反物质与物质混合的区域，那就很难区分了。这个说法是错误的，无论反物质在哪个区域遇到物质，都会有大量的湮灭。然而，天文学家并没有观测到在这个过程中发出的γ射线。

按理说，物质或反物质的宇宙都不应该存在，空间中应该仅仅充斥着二者湮灭的产物——光子。关于为什么我们处于物质宇宙这个问题，有一个线索，来自这样一个事实：宇宙中每个物质粒子大约伴有100亿个光子。就是说，在宇宙大爆炸中，每生成100亿加1个物质粒子，就伴生100亿个反物质粒子。在一场湮灭的狂欢之后，所有的反物质粒子都被毁灭了，每100亿个物质粒子中只剩下1个。然而，关键的问题是，这种物质与反物质的不对称是如何形成的？物理学的基本定律要么更倾向创造物质，要么更偏向破坏反物质。其中的具体方式和原因仍然是现代宇宙学中最大的谜团之一。

第 4 章

金发姑娘[①]的宇宙——元素起源

你血液中的铁、你骨骼中的钙、你每次呼吸吸入的氧气，所有这一切都是在地球和太阳诞生之前的恒星中锻造形成的。你的肉体就是从星尘变来的。你简直就是天堂制造。

① 西方童话故事《金发姑娘和三只熊》中，迷路的金发姑娘未经允许，就进入了熊的房子，她尝了三只碗里的粥，试坐了三把椅子，又在三张床上躺了躺，最后发现小碗里的粥最可口，小椅子坐着最舒服，小床上躺着最惬意，因为那是最适合她的，不大不小刚刚好。“金发姑娘原则”指出凡事都必须有度，过犹不及。

我们DNA中的氮、牙齿中的钙、血液中的铁、苹果派中的碳都是在坍缩的恒星内部形成的——我们是用星星做的。

——卡尔·萨根（Carl Sagan）

当我们望向宇宙时，会发现物理学、天文学中有利于我们的巧合如此之多，简直就好像宇宙知道我们要来了。

——弗里曼·戴森（Freeman Dyson）

1953年2月，
加利福尼亚州帕萨迪纳市，凯洛格辐射实验室

威利·福勒（Willy Fowler）在想，坐在他对面的这个人简直是胡说八道。福勒是一名实验核物理学家，他很清楚，世界上没有人能做到这个家伙声称他能做的事情——预测复杂原子核的精确能态。那是一个多体系统（many body system），大量的质子和中子像一群亚微观的蜜蜂一样，在里面嗡嗡作响。理论家们的能力有限，只能预测二体系统（two-body system）的确切行为，如电子在氢原子中绕质子旋转或者月球绕地球轨道运行。

然而，就在加州理工学院凯洛格辐射实验室（Kellogg Radiation Laboratory）福勒的办公室里，这位戴着眼镜、自称天文学家的英国佬却说，他能做到世界上任何核物理学家都做不到的事情。更离谱的是，他的预测并不是基于对核物理学的思考，而是出于一个让福勒感觉与结论毫无逻辑关系的论据——宇宙里有碳。福勒确定他听弗雷德·霍伊尔（Fred Hoyle）说的是："因此，碳核（carbon nucleus）一定有一个精确

到7.65兆电子伏特① 的能级。”

霍伊尔告诉福勒，他确信所有原子的核心，或者说原子核，都是由最简单的原子——氢——的原子核在恒星内部合成的。那些恒星早在太阳和地球诞生之前，就已经演化并且消亡了。这种合成必然经历多个阶段。第一步是4个氢原子核以某种方式结合在一起，形成第二轻的原子——氦——的原子核。② 第二步是将2个氦核聚合在一起，形成1个铍原子核。问题是，铍是不稳定的，在短短十亿分之一秒内就会分裂。因此形成更重的原子核，如氧、钙和钠的途径似乎被阻断了。

霍伊尔声称，有一种方法可以绕过令人头疼的铍屏障。据福勒所知，霍伊尔的解决方案要求碳核存在一个比基态（ground state）高7.65兆电子伏特的高能激发态（excited state）。

后来福勒回忆说，他对霍伊尔的第一印象并不太好，感觉霍伊尔“完全不在正常的心理状态”。[1]然而，常年生活在附近的威尔逊山天文台100英寸（约2.54米）望远镜（Mount Wilson 100-inch telescope）的巨大阴影之下——尤其是爱德文·鲍威尔·哈勃（Edwin Powell Hubble）用这架望远镜于1929年发现了宇宙在膨胀（当时人们都不相信宇宙在膨胀）——福勒成长为一位能够对各种天文思想保持宽容态度的核物理学家。事实证明，没把霍伊尔赶出门外是他职业生涯中做出的最明

① 电子伏特（eV）是物理学家常用的一种方便的能量单位，数值上等于电子被1伏特电压加速后获得的能量。兆电子伏特（MeV）就是电子通过100万伏特电压加速所获得的能量。

② 原子核由称为质子的带正电荷的粒子和称为中子的不带电荷的粒子组成。这两种粒子本质上具有相同的质量，被称为核子。在氕核中有1个核子；氦–4有4个；锂–6有6个，依此类推。由于质子是靠相同数量的电子围绕原子核而达成静电平衡的，而电子决定了原子与其他原子的结合方式。简而言之，原子的基本特征以及原子的类型是由原子核中的质子数决定的。氢原子核中含有1个质子；氦原子中有2个；锂原子中有3个；依此类推。除氢（氕）核外，所有的原子核都含有中子，中子不影响原子的行为，但对原子的质量有贡献。

智的决定。

霍伊尔很可能是错的，但福勒秉持了实验者的座右铭：千万不要忽视看似不可能的事情。于是福勒把研究小组的成员叫到办公室，让这位英国天文学家把刚才的话再说一遍。“有没有可能，”霍伊尔问，“实验中漏掉了碳7.65兆电子伏特的能级？”

这之后大部分技术层面的讨论都超出了霍伊尔的理解范围。但最终，福勒的团队达成了共识：如果这个能态很特别的话，也有被漏掉的可能。霍伊尔用满怀希望的目光扫过现场的每一张脸，希望有人能和他合作。但福勒摇了摇头，他有太多的工作要做，无法再分心为验证霍伊尔奇异的说法去做实验。“其他人呢？”福勒问道。剩下的人中只有沃德·惠林（Ward Whaling）表示愿意。惠林，得克萨斯州人，最近刚从休斯敦的莱斯大学（Rice University）来到加州理工学院。他转向霍伊尔说：“我来做这个实验，寻找你预测的那种能态。”

o o o

霍伊尔在做出这个预测之前，经过了很长一段时间的酝酿。这一切要从1944年秋天说起，当时还是理论学家的霍伊尔在英国研制作战雷达，他被委派参加11月底在华盛顿特区举行的雷达研究会议。当时去美国要冒险横渡大西洋，为躲避致命的U型潜艇[①]，途中要采用迂回曲折的航道。事实上，霍伊尔对此次旅行非常担心。在苏格兰的格里诺克登上“阿奎塔尼亚号”邮船（RMS Aquitania）之前，霍伊尔在劳埃德保险公司（Lloyd's of London）投保了人寿保险，他要为妻子芭

① U型潜艇是特指在第一次和第二次世界大战中，德国使用的潜艇。德国潜艇的编号都使用德文“Untersee-boot”（英文为U-boat）的首字母U加数字命名。

芭拉（Barbara）和两个年幼的孩子考虑。之后，霍伊尔去约克郡看望了自己的父母，以防这是最后一次见到他们。在海上度过乏味的10天后，霍伊尔和10 000名归乡的美国士兵平安上岸，到达了新大陆（the New World）。

在从纽约宾夕法尼亚站乘火车南下之前，霍伊尔在街头闲逛。纽约璀璨的灯光和丰富的物资与英国已实施5年的灯火管制和定量配给形成了巨大反差，在颇感意外的霍伊尔眼中，纽约的街道就仿佛“仙境”一般。在华盛顿特区英国大使馆，霍伊尔办理了手续并领取了一笔丰厚的津贴。距离雷达研究会议开幕还有3天时间，霍伊尔因此决定北上普林斯顿去看望天文学家亨利·诺里斯·罗素（Henry Norris Russell）。罗素开创性地对恒星进行了分类，因赫罗图（Hertzprung-Russell diagram）闻名于世。

霍伊尔对天文学的兴趣是偶然产生的。1938—1939年，他在剑桥大学读书，曾是保罗·狄拉克的学生。故事是这样的：这位量子理论学家不想要学生，霍伊尔也不想要导师，但这对搭档被顽皮的教员开玩笑似的硬是撮合到了一起。尽管狄拉克是出了名的沉默寡言，但还是给了霍伊尔一条有用的建议。在狄拉克看来，经历了20世纪20年代和30年代的量子革命，基础物理学中所有唾手可得的成果都被别人摘取了。如果霍伊尔想在科学界出人头地，就应该在其他科学领域寻找自己感兴趣的问题。

因此，霍伊尔决意涉足这两个领域之一：要么是天文学，要么是生物学。一次机缘之下，他幸运地省去了选择的麻烦。在为一个学生社团邀请演讲嘉宾时，他认识了剑桥大学的天文学家雷·利特尔顿（Ray Lyttleton）。当时，利特尔顿正醉心于一个特殊恒星的问题，这立刻引起了霍伊尔的兴趣，并开始与利特尔顿合作，从而顺理成章地成了天文学家。

霍伊尔与罗素在普林斯顿的会面很顺利。但事实证明，重要的不是会面本身，而是会面能带来些什么。这就好比拼装一幅从各种渠道收集来的信息拼图，只要将散落的碎片拼接完整，就形成了科学成果。

罗素得知，霍伊尔会在华盛顿会议结束后前往加州造访圣迭戈的美国海军总部，于是他便力劝霍伊尔拜访威尔逊山天文台（Mount Wilson Observatory）。这座天文台就在洛杉矶北部，罗素甚至还给天文台台长沃尔特·亚当斯（Walter Adams）写了一封引荐信。

到达加州后，霍伊尔听从罗素的建议，抽空去拜见了亚当斯。亚当斯马上就安排霍伊尔上威尔逊山共度周末，让他见识一下世界上最大的直径100英寸（约2.5米）的胡克望远镜（Hooker Telescope）。这可是个难得的好机会，可以借机了解一下天文学家是如何工作的。然而，事实证明，周末结束后发生的事情才至关重要。热衷徒步旅行的霍伊尔步行下山，在阿尔塔迪纳与沃尔特·巴德（Walter Baade）相遇，阿尔塔迪纳就在圣加布里埃尔山脚下的帕萨迪纳市附近。巴德，这位德裔美国天文学家被列为敌国侨民，禁止服兵役。这反倒使他因祸得福，获得了令人艳羡的机会——可以在山下的洛杉矶市处于战时灯火管制期间，没有时间限制地使用当时世界上最大的望远镜。

巴德的确是一流的望远镜观测者，但开起车来却笨手笨脚。尽管如此，他还是开车把霍伊尔拉到了他在圣巴巴拉街的办公室。二人花了一个下午的时间，激情澎湃地讨论了天文学的最新进展，谈话以霍伊尔拿到了一些关于超新星的论文复印件而告终。这些发生剧烈爆炸的恒星是由巴德和他的瑞士裔美国同事弗里茨·兹威基（Fritz Zwicky）共同发现的。要是霍伊尔一拿到这些论文就读了，可能对他就没有什么意义了。或许是另一种命运使然，直至回到英国后，他才读了这些论文。在回英国之前，霍伊尔学到了一些东西，这不仅使他率先认识到超新星问题的关键，还改变了他的科学生涯。

返回英国时，霍伊尔不得不前往蒙特利尔（Montreal）搭乘一架巨型的“解放者”，或称为“空中堡垒”的轰炸机。这种飞机可以飞越大西洋且中途不用经停，这样，他就可以直接回到格拉斯哥（Glasgow）附近的普雷斯特威克（Prestwic）。然而，恶劣的天气使得行程推迟了好几天，在等待的过程中，霍伊尔遇到了两位在本国认识的物理学家。一位是沃尔夫冈·泡利的学生尼克·凯默（Nick Kemmer），另一位是莫里斯·普赖斯（Maurice Pryce）。凯默和普赖斯都已经被英国制造原子弹的“合金管”工程项目招募，这在剑桥大学已经不是什么秘密了。

合金管工程就是开发核裂变（nuclear fission）。核裂变现象是奥托·弗里施（Otto Frisch）、莉斯·迈特纳（Lise Meitner）和弗里茨·斯特拉斯曼（Fritz Strassman）在“二战”前夕于柏林发现的。不稳定的重原子核容易分裂成两块，在这一波称为“裂变”的过程中会释放出几个高能中子。这些中子可能进一步触发更多的核分裂，形成链式反应，从而引发大量核能爆炸性地释放。

霍伊尔知道有两种不同的原子核可以裂变，一种是稀少的铀同位素，称为铀-235；还有一种是人造原子核钚-239，于1940年首次人工合成。要合成足够制造核弹的钚，需要建造核反应堆（nuclear reactor），或称堆（pile）。在德国空军的轰炸下，英国没有足够的资源同时制造两种不同的原子弹，于是最终他们选择了浓缩铀-235。当时，该项目正在蒙特利尔附近的乔克河畔缓慢地进行。霍伊尔认为，之所以凯默和普赖斯出现在加拿大，说明英国已经积累了足够制造原子弹的铀-235。

在蒙特利尔等待天气好转时，霍伊尔听说了一个传闻，说是一个由美国和欧洲最优秀的物理学家组成的团队正在美国西南部的某个秘密地点集结。他感到疑惑不解：霍伊尔原以为，用铀-235制造炸弹是世界上最容易的事情：只要简单地将两块铀-235合并在一起，使其超过引发失控链式反应的临界质量（critical mas），就可以发生核爆炸。大型团队的存在只能意味着合并钚并不像合并铀那么简单。如果是这样的话，他就可以理解为什么英国选择了他认为原料更难找的铀-235来制造原子弹。

很明显，一定有什么东西阻止了两个亚临界质量的钚块合并。霍伊尔唯一能想到的就是钚本身的裂变。他推断，当两块钚相互靠近时，裂变必然以非常快的速度产生热量，以至于在链式反应发生之前，就把两个钚块推开了。如果他是正确的，这意味着科学家需要找到一种方法把两个钚块强行聚合在一起。当霍伊尔思考应该怎么做时，他意识到最好的方法是用炸药使球壳形的钚内爆（implosion）。并且，他立刻想到了向心爆炸的关键问题：只有当炸药的冲击波完全球对称时，才会发生有效的内爆。但是，这样的冲击波很难实现。现在霍伊尔明白为什么必须组建这支阵容强大的团队了。

回到英国，过完圣诞节，霍伊尔的思考早已淡忘在遥远的回忆里了，他终于腾出时间仔细阅读了沃尔特·巴德的超新星论文。[2]这样的恒星大劫难释放的能量是惊人的。通常一颗超新星比整个星系的几千亿颗恒星加起来都要亮。当霍伊尔思考其中的能量来源时，意识到只有一种东西有能力操控这样的爆炸，那就是重力。

如果一块石板瓦从屋顶上掉下来，地球的引力就会使它加速，并使之快速撞击地面。物理学家们说，重力势能，也就是说，这种由物体在重力场中所处的位置决定的能量转换成了另一种能量形式——运动的能量。类似地，如果一颗恒星的核心收缩就好像是恒星的引力使无数块百万亿量级的石板瓦加速，这些“瓦片”的势能也会转换成其他形式的能量，比如热。然而矛盾的是，在超新星中，恒星核心的内爆反而会将其外壳抛入太空。

也就是在这个时候，霍伊尔开始把在美国获得的各种拼图碎片拼合起来。正如内爆会引发钚弹的核反应一样，恒星核心的内爆也是如此。当然，不同情况下的核反应不尽相同，但这并不重要，这种认为内爆会导致核反应的想法在霍伊尔的头脑中点燃了一盏明灯。[3]超新星爆炸可能是可怕核反应的炼狱，或许这就是自然界中锻造各种化学元素的熔炉。

当恒星核心的燃料耗尽，无法产生足够的热量抗衡重力的挤压时，就迎来了恒星核心灾难性的坍缩。霍伊尔认为，在濒临死亡的恒星外壳中，坍缩释放出的巨大热量引发剧烈的核反应，从而形成各种元素。新形成的元素被爆炸抛入太空，丰富了星际气体和尘埃云团中的元素，当这些云团在引力作用下崩解时，就会合并成新一代的恒星和行星。如果霍伊尔是正确的，那么超新星就是锻造构成我们身体元素的熔炉。

从最轻的氢到最重的铀，自然界中存在的元素共有92种。曾经有人认为，这些元素都是造物主在造物的第一天创造出来的。但是，在20世纪上半叶出现了这样一种观点：这些元素应该是后来形成的。科学家们已经注意到，每种元素的丰富性或稀缺性与其原子核的特性有关。例如，如果某种元素的原子核比稍轻或稍重元素的原子核结合得更紧密，那么，这种元素的含量会比后两者更丰富。这强烈地暗示着核进程对于元素的形成发挥了关键作用。

可能性最大的是，宇宙开始时只有最轻的氢元素的原子核，而所有较重元素的原子核都是随后在恒星内部由这个最基本的核构件反复黏合组装起来的。事实上，巴德在洛杉矶漆黑的天空中观察到的一个重要发现就是，银河系包含两种截然不同的恒星群。在太阳运行的旋臂（spiral arm）中分布着炽热的蓝色恒星，重元素含量相对较高；在银河系中心则布满温度较低的红色恒星，重元素的含量相对较低。① 正如后面将会谈到的那样，蓝色的星族Ⅰ（Population I）恒星较年轻，红色的星族Ⅱ（Population II）恒星较为古老。从这些星体中重元素的含量可以看出，随着星系不断衰老，重元素含量也更丰富，这与重元素会在恒星内部不断积累的假设相符。[4]

合成更重的原子核并不容易，因为要迫使更多的质子聚集在一起，需要克服同性电荷之间更强烈的相互排斥。克服斥力的唯一方法就是以更快的速度将原子核猛烈地撞在一起。由于温度是微观运动的量度，这就意味着需要更高的温度。事实上，制造重元素需要的温度高达数十亿摄氏度。

美国物理学家乔治·伽莫夫（George Gamow）正是相信恒星内部永远不可能达到如此极端的高温，所以不得不为锻造元素另寻出路，他声称只有大爆炸的高温符合条件。但是，1944年，霍伊尔在读巴德的论文时，看到了一个不需要这种替代解释的机会；如果他是正确的，那么恒星内部可以达到的温度至少是太阳中心温度的1000倍——太阳的中心温度约为1000万摄氏度。

在恒星内部，核反应形成元素的次序是很复杂的，霍伊尔根本不了解其中的细节。但他意识到，关键在于超新星炼狱内部不合常理的极端密度和温度，那些次序细节反而不重要了。在这种极端条件下，在亚

① 某一特定元素的原子只吸收和发射某些波长的光，这些光就好像是该元素的指纹。正是通过这些指纹，不同的元素在恒星的光中向天文学家暴露了自己的身份。光的波长对应于电子在原子内部不同轨道之间跃迁所吸收或释放的能量。

微观尺度下的原子核会疯狂地合成和分裂，直至合成和分裂的过程势均力敌时达成平衡，这种平衡只取决于每种原子核结合的牢固程度。在这种热力学统计平衡的状态下，元素的相对丰度会逐渐稳定下来，不再变化。此时被称作“冻结”（freeze out）。

现在霍伊尔只要知道不同元素的丰度，以及那些元素的原子核结合得有多牢固，就可通过计算来验证他的假设了。可惜，雷达工作把他困在了西苏塞克斯的荒野中，无法获得此类数据。直到1945年3月，霍伊尔因为工作需要来到剑桥大学，在此遇到了奥托·弗里施。这位奥地利物理学家最近刚从美国回来，此前他一直在新墨西哥州的洛斯阿拉莫斯的原子弹研制团队工作。弗里施从书桌抽屉里拿出了一张由德国核物理学家约瑟夫·马托奇（Josef Mattauch）精心编制的核数据表——这正是霍伊尔想要的东西。

在剑桥大学，霍伊尔还从图书馆借到了一本书，是由瑞士-挪威物理学家维克多·戈德施密特（Victor Goldschmidt）撰写的。1937年，戈德施密特对宇宙的构成进行了开创性的研究，收集了来自地壳、太阳和陨石的元素数据。在汇总表中，他标明了哪些元素比较常见，哪些比较稀有。

有了戈德施密特和马托奇的数据，霍伊尔就得到了自己所需要的一切。据此，他计算了在不同的温度范围内、核热力学平衡（nuclear thermodynamic equilibrium）状态下各元素冻结时的相对丰度。然后，霍伊尔发现他的预测奏效了：在20亿~50亿摄氏度的高温下，铜、镍、钴和铬的相对丰度与戈德施密特发现的元素丰度完全吻合，而这些元素也是现代文明赖以生存的物质构成。霍伊尔欣喜若狂，他用定量的证据证明：铁族元素确实是在超新星中锻造的。[5]“全人类都是兄弟，”正如美国天文学家艾伦·桑达奇（Allan Sandage）所说，“我们来自同一颗超新星。”

霍伊尔终于有了恒星锻造自然元素的证据，证明恒星内部能够达到必需的温度和密度。他也确信恒星内部锻造的不仅仅是一些元素，而应该是所有元素。要证明这一点，还有很长的路要走，现在最重要的是他有了证据，能证明恒星能够达到核合成（nucleosynthesis）所必需的极端条件。

当时人们认为恒星不可能达到这样极端的条件，也导致伽莫夫错误地把大爆炸作为锻造元素熔炉的替代品。究其原因，是由于英国天文学家亚瑟·斯坦利·爱丁顿（Arthur Stanley Eddington）犯了一个本不该犯的错误。爱丁顿曾在1919年证实了太阳引力引起的光线弯曲，同时证明了牛顿是错误的，并把爱因斯坦推为科学界的超级明星。到了20世纪30年代，天文学家们猜测，星光是氢核聚变成氦的副产品。① 但爱丁顿猜测氦“灰烬”会在恒星内部均匀地混合，逐渐稀释氢燃料，导致核反应熄灭。在夜空中能看到的证据表明爱丁顿可能是错误的：像猎户座（Orion）参宿四（Betelgeuse）这样的红巨星（red giant）非但没被熄灭，而且会释放出比太阳高1万倍的热量。

当霍伊尔初次见到雷·利特尔顿时，搞清楚这些恒星的异常引起了他的兴趣。他们两人都意识到，如果恒星内部的氦“灰烬”不是像爱丁顿认为的那样处于均匀的混合状态，而是不均匀，就会自动变得

① 事实上，是伽莫夫首先认识到这一关键的。作为第一个将量子理论应用于原子核的人，伽莫夫于1928年发现，在重元素（比如镭等）的α衰变（alpha decay）中，其中的α粒子或氦核即使缺乏足够的能量，也有可能逃离原子核。这种量子隧穿（quantum tunnelling）现象是可能的，因为描述α粒子的量子波延伸到核外，使得任何时候α粒子逃出核外的可能性不为零。1929年，罗伯特·阿特金森（Robert Atkinson）和弗里茨·霍特曼斯（Fritz Houtermans）将伽莫夫的想法付诸于应用，向人们展示了在太阳中，原子核是如何通过隧穿效应进入另一个原子核的，尽管核与核之间激烈的相互排斥似乎使其无法实现。这种核反应的另一个副产品就是产生了阳光。

更热、更稠密。这也许就可以解释红巨星持续发光的原因。霍伊尔和利特尔顿设想，恒星穿过星际气体云时，外壳不断吸积原始氢，从而形成了不均匀的状态。不过并不需要考虑得这么复杂，爱丁顿很快纠正了自己的错误，[6]他认识到，氦在恒星中均匀混合的机制远没有他们想象的那么有效。合理的推论是，恒星中比氢重的氦会落向中心，同时像其他气体一样受到压缩而发热。恒星在演化过程中，其内部会自动变得不均匀，核心变得越来越稠密、越来越热。

当恒星积累了越来越重的元素，重元素又在重力的作用下向中心聚集，就会形成一种类似洋葱的内部结构，由外向内，一层比一层更致密、更热。霍伊尔意识到，对于锻造各种元素来说，这里就是最完美的环境。当这样的恒星发生超新星爆发，或者通过恒星风抛出物质时，一些重元素最终会进入星际介质，成为形成下一代恒星的原料。

在伽莫夫的大爆炸中，只有很短的一段时间窗口适合锻造元素，这个窗口出现在宇宙诞生后1~10分钟。在那之后，宇宙的膨胀就使得火球的密度和温度降低，之后便不足以继续锻造元素了。因此，该方案只能生成氦和一些较轻的元素。相比之下，恒星有几十亿年时间用来尽情施展炼金术。有这么长的时间可用，很明显，恒星在制造元素方面的能力要远胜于大爆炸。难道不是吗？

伽莫夫出错的地方不仅在于大爆炸中锻造重元素的时间不到10分钟，更根本的错误在于，在自然界中不存在质量数为5或8的稳定原子核。

质子和中子统称核子（nucleon），这两种核子全都形成于大爆炸的火球中，但在宇宙诞生后10分钟多一点的时候，中子就衰变成了质子或氢原子核。第二轻的元素氦的原子核有4个核子，也就是由2个质子和2个中子组成，须分几个步骤合成。在大爆炸中形成氦-4后，容易想到的生成更重元素的途径有两条：一是在氦-4里加入另一个核子，合成质量数为5的原子核；二是将两个氦-4原子核结合在一起，合成质量数为8的原子核。但是，自然界中质量数为5和8的原子核都是不稳定的，显然这两条路都是行不通的。无论是用恒星，还是大爆炸锻造重元素，这都是一个需要解决的根本问题。

霍伊尔的超新星研究取得了成果后，也因这一根本问题而在恒星中合成元素的研究中受阻，于是他转而去参与研究宇宙的大尺度结构的科学——宇宙学。1948年，霍伊尔与赫尔曼·邦迪（Herman Bondi）和汤米·戈尔德（Tommy Gold）一起提出了宇宙恒稳态理论（Steady State Theory）。1929年，爱德文·鲍威尔·哈勃在威尔逊山天文台观测时发现，宇宙在膨胀，组成宇宙的星系像弹片一样四处飞散。按照宇宙恒稳态理论的设想，当星系相互远离时，新生的物质会在星系远离时留下的空隙中涌出，凝结形成新的星系。虽然这个想法第一眼看上去似乎很不靠谱，但实际上它并不比在一次大爆炸中一口气形成所有物质的想法更荒谬。其优势在于，稳态的宇宙在大的时间尺度中看上去是不变的，可以永远存在的。显然，宇宙恒稳态理论没有必要回答宇宙是如何开始的这个问题，因为只有变化的宇宙才需要起源。

1952年夏天，霍伊尔参加了国际天文学联合会在罗马举办的一次会议，部分原因是出于他对宇宙学的兴趣。他去了才发现，会议的主题是银河系外星云（extragalactic nebulae），或叫作河外星系，主持会议的是沃尔特·巴德。这位加州理工学院的天文学家粗心大意，忘了安排一位做会议纪要的秘书，所以临时请霍伊尔帮忙。在会议期间，巴德提出了精妙的证据证明，宇宙的实际年龄是哈勃估计的2倍。然而，几个月后，当天在场的另一位天文学家窃取了巴德的成果。是霍伊尔挽救了局面：会议记录证明巴德遭到了厚颜无耻的剽窃，从而捍卫了巴德应得的荣誉。

巴德时任威尔逊山天文台和加州理工学院联合天文指导委员会的委

员，这就可以解释，为何在1952年秋天，霍伊尔收到去加州理工学院访问三个月的邀请函了。霍伊尔抓住这次机会，来到帕萨迪纳，思考如何解决恒星的核合成问题，以及跃过麻烦的核质数5和8屏障的办法。加州理工学院的研究条件得天独厚，拥有世界级的天文学系和杰出的核物理研究团队。

经1930—1931年的建设，凯洛格辐射实验室建成了。此后不久，加州理工学院的核物理研究就开始了。该实验室由美国“玉米片之王”威尔·基思·凯洛格（Will Keith Kellogg）赞助，最初配备了1兆电子伏特的强大X光管，不仅用于辐射的物理学研究，还用于癌症治疗的应用研究。[7]但在1932年间，实验室主任查尔斯·劳里特森（Charles Lauritsen）听到英国剑桥大学的约翰·科克罗夫特（John Cockcroft）和欧内斯特·沃尔顿（Ernest Walton）用高速质子成功分裂了原子这一出人意料的消息后，立即改变了凯洛格实验室的研究方向。

X射线管是利用高电压加速的电子轰击金属靶，以产生高能量的X射线。对于凯洛格实验室来说，用X射线管的高电压加速质子这样的粒子，并用其轰击原子核是轻而易举的事情。通过观察产生的碎片，凯洛格实验室的物理学家们可以测量一种原子核转变成另一种原子核的核反应速度。事实上，威利·福勒（Willy Fowler）及其在凯洛格实验室的团队测量出了碳氮氧循环（CNO cycle）各个核反应的速度，该循环符合汉斯·贝特（Hans Bethe）提出的恒星内部核反应，它将恒星内部的氢转变成氦，生成副产品——星光。他们发现，只有在温度比太阳中心温度高得多的情况下，这种循环才会有效运行，因此排除了该循环作为除大质量恒星以外的恒星的主要动力来源的可能性。①

① 正如后来发现的那样，像太阳这样质量较低的恒星是由另一系列核反应驱动的，称为质子–质子链（proton–proton chain）反应。

福勒自认是一名核物理学家，当贝特告诉福勒，他在实验室里所做的实验实际上可能是在模拟恒星内部产生能量的核反应时，他感到自己揭示了某种宇宙真相。1951年，埃德·萨尔皮特（Ed Salpeter）再次让福勒意识到，他的团队应该也有能力模拟恒星内部元素合成的核反应。这位来自康奈尔大学的年轻理论家猜测，原子核合成的质量数为5和8的屏障有可能通过一种发生概率极低的核过程绕过。

想象一下，在一颗红巨星内部，3个被称为α粒子的氦原子核同时聚合在一起，形成1个碳-12原子核，那会怎么样？这就好比在超市的停车场里，3个推着购物车的人同时撞在了一起！这样的事件的确十分罕见，你得等上很长时间才能看到。但是，萨尔皮特想到了时间这个参数。恒星拥有数百万年甚至数十亿年的时间，与之相比，宇宙大爆炸只有区区10分钟左右的元素合成时间。

观测事实表明，碳的含量非常丰富，是宇宙中第四大最常见的元素，仅次于氢、氦和氧。但不出所料，萨尔皮特的“三α过程”行不通，这种反应的概率太小了，经计算，只能产生微量的碳。

1952年底，当霍伊尔来到加州理工学院时，他注意到了萨尔皮特的工作并且赞同这位康奈尔大学的理论家的观点，要想绕过质量数为5和8的障碍，唯一可行的方法就是让3个氦原子核相互碰撞并结合在一起。但问题在于，有没有什么方法可以加快萨尔皮特的进程？霍伊尔确信肯定有，并且他自己就有个新颖的想法。

核子在原子核内复杂的运动方式超出了任何理论物理学家的预测能力。尽管如此，理论学家依然知道，核子的某些内部组态比其他组态更稳定，每个核子都存在于多种能态中的一种，这是可观测的事实。例如，核子可能居于最低能级，或者叫基态；也可能居于一些较高的能级，或者称为激发态。能级就像梯子的阶梯一样，从基态开始依次向上排列。

霍伊尔想，如果存在一种碳-12的激发态，其能级等于3个氦原子核在温度为1亿度时的能量，正好对应红巨星的核心温度，那会怎么样呢？那就会激励3个氦核之间的核反应产生共振，就像在共振频率上推动儿童的秋千一样，核反应会被加速。进行了一系列相关的计算后，霍伊尔发现，如果生成碳-12的三α过程是共振的，的确会比萨尔皮特计算的要快。快的程度不是10倍、100倍，甚至不是1000倍，而是惊人的1000万倍。最重要的是，霍伊尔的粗略计算表明，这种提速能够解释宇宙中碳的丰度。

在1亿摄氏度的高温下，3个氦核在红巨星内部的能量约为7.65兆电子伏特。为了使生成碳-12的原子核反应发生共振，碳-12的能态必须精确地比基态高7.65兆电子伏特。但当真存在这个能级吗？1953年2月的一天，霍伊尔在福勒的办公室里提出了这个问题。很幸运，这个问题引起了沃德·惠林的兴趣。

1953年2月，
加利福尼亚州帕萨迪纳市，凯洛格辐射实验室

对霍伊尔的胆识，惠林钦佩不已。1952年12月30日，就在到达帕萨迪纳后不久，霍伊尔就在加州理工学院美国物理学会（American Physical Society）的仲冬会议上做了一次公开报告。他提出的宇宙恒稳态理论在洛杉矶地区引起了轰动，来听报告的人太多，会议不得不从加州理工学院搬到附近的帕萨迪纳初级学院的一个更大的礼堂。这个报告

给惠林留下了深刻的印象，于是他开始参加霍伊尔每周在鲁滨逊天体物理实验室举办的讲座。那里离凯洛格实验室不远，步行只需要几分钟。

在讲座中，霍伊尔不断完善了恒星内部合成元素的设想。通常情况下，霍伊尔都会被天文系某位大咖的致命提问驳倒，但杰西·格林斯坦（Jesse Greenstein）和弗里茨·兹威基等人的批评对霍伊尔来说就像耳旁风。接下来的一周，他会带着一种别出心裁的方式回到鲁滨逊天体物理实验室，试图绕过反驳，但最终他还是被驳倒了。惠林对这一切很感兴趣，霍伊尔在天文学和核物理学方面的知识都不足，但是他出色的数学能力和强大的想象力弥补了这一点。最重要的是，霍伊尔渴望学习，通过凯洛格的核物理学家和鲁滨逊的天体物理学家之间来回的争论，他进步得很快。

正是出于对这位戴着眼镜的约克郡人的钦佩，惠林才鼓起勇气，主动提出寻找碳–12的激发态。与福勒不同的是，惠林没有被其他工作压得喘不过气来。

惠林的计划是用凯洛格加速器向氮–14原子核发射氘核。氘核是氘或称为重氢的原子核，由1个质子和1个中子组成；而氮–14原子核包含7个质子和7个中子。氘对氮的每次碰撞都会产生碳–12和氦–4原子核。关键在于测量氦核的能量：因为撞击产生的总能量总是由碳–12和氦–4分享，这意味着假如碳–12形成低能的基态，那么氦–4就会分得相当大的能量；反之，如果碳–12形成高能的激发态，留给氦–4的能量就会比较少。因此，如果探测到能量比用做子弹的氘核的能量正好少7.65兆电子伏特的氦–4，它就会成为霍伊尔所预测的碳原子能级存在的确凿证据。

正如在上一章中看到的，可以通过原子核的径迹在强磁场中弯曲的程度来测量其能量：能量较高的原子核的径迹曲率小，低能量原子核的径迹看上去曲率比较大。有一块强度合适的磁铁可用来做实验，但问题是这块磁铁与粒子加速器不在一个房间里，而且重达几吨。

惠林团队由他的研究生拉尔夫·皮克斯利（Ralph Pixley）、比尔·温泽尔（Bill Wenzel）和诺埃尔·邓巴（Noel Dunbar）组成。温泽尔是一名博士后，邓巴则来自澳大利亚，是一名客座博士后。他们谁也想不出，如何把磁铁顺着狭窄的走廊运送到大约30米之外的另一个房间。幸运的是，驻地工程师维克·埃尔戈特（Vic Ehrgott）想出了一个巧妙的主意：把磁铁放到一块坚固的钢板上，而钢板下铺上几百个网球。[8]由于整体重量均匀地分布在这些网球上，所以这些球不会被压扁。

移动磁铁时，有一个队员专门负责将钢板移动后露出来的球拾起来扔到前面，前面的人再把这些球塞到钢板下。队员们龇牙咧嘴、憋得满脸通红，勉强推动着磁铁一点点地向前缓慢移动。几千年前，古埃及法老的劳动大军从采石场运送石料到金字塔建筑工地时使用过类似的技术，但他们没有网球，只能用木滚轴。显然这项技术的现代翻版同样有效。两天之后，惠林团队终于把磁铁和加速器放在了同一个房间里，实验准备就绪。

o o o

整整10天，霍伊尔都如坐针毡。[9]每天，霍伊尔都会从鲁滨逊实验室的办公室出发，在冬日的阳光下，步行一小段路程来到凯洛格实验室。路上，往左边眺望，可以看到圣加布里埃尔山高处威尔逊山天文台的小穹顶，同时还能闻到空气中淡淡的橘子香味。与这美好的风景形成鲜明对比的是，霍伊尔走进昏暗的凯洛格实验室里看到的另外一番景象：惠林和他的队员们在充斥着电缆、变压器以及嗡嗡作响的真空泵的房间里努力工作，身旁就是供原子核在其中互相撞击的潜水钟形的真空室。

等待验证预测结果的霍伊尔觉得自己好像站在面临生死判决的被告席上，而陪审团则正在进行合议。真正的囚犯当然知道自己是无辜的，还是有罪的：如果是无辜的，囚犯希望陪审团能做出正确的裁决；如果有罪，囚犯则奢望陪审团判断出错。当然，由实验主义者组成的陪审团总能做出正确的判断。霍伊尔说："问题是我不知道自己是无辜的，还是有罪的，于是我只好站在那里，等待陪审团主席站起来宣布结果。"

第10天的时候，实验结果出来了。霍伊尔一进屋，等在那里的惠林就迎上来握着他的手向他表示祝贺，霍伊尔的预测被证实了。这真是让人不敢相信，碳-12原子核还真的有个7.68兆电子伏特的能级，虽不是7.65兆电子伏特，但这在实验允许的误差范围之内。随着质量数为5和8的元素合成障碍被成功绕过，锻造所有更重元素的道路被打开了。霍伊尔有悖常理的预测得到了证实，他洞悉了大自然的核心机密，看到了人类——至少是理论核物理学家们——看不到的东西。霍伊尔说："我听到结果的那天，感觉橘子树的气味更香了。"[10]

福勒说："这真是太精彩了！一个家伙走进我们的实验室，预测说原子核存在某个激发态，经过实验，还真有。任何核物理学家都无法基于核理论做到这一点，霍伊尔的预测实在是太精彩了。"[11]

但更让福勒赞叹的是霍伊尔的预测方式，他用看似反常的论据预测了碳-12原子核7.65兆电子伏特的能态。霍伊尔声称：这种能态只能存在，否则宇宙中就不会有碳或更重的元素。在物理学史上，从来没有人用这样的论据对世界做出这样精准的预测。在众多的物理魔术师中，霍伊尔拥有独特的地位。

o o o

当回过头仔细梳理碳–12原子核存在7.65兆电子伏特能级的发现时，霍伊尔开始意识到，这一构成人类的重元素的存在似乎不仅有赖一个，而是几个异乎寻常的好运。首先是铍–8原子核不存在稳定状态；其次是碳–12原子核存在精确的7.65兆电子伏特的激发态。不仅如此，还有第3个核幸运。

碳–12和氦–4核的结合能在红巨星内部1亿摄氏度的温度下，恰好没有氧–16的能态；如果有的话，碳–12会与氧–16发生共振。换句话说，在三α过程生成碳–12的瞬间，所有的碳都会立即转化为氧–16，最终宇宙会完全没有碳。但实际上，宇宙所含的碳和氧大致相等。

1973年，澳大利亚物理学家布兰登·卡特（Brandon Carter）推崇这样一种思想：自然界的许多“基本常数”，例如电磁力的强度、电子的质量等等，都有它们的特定值。假如不是这些值的话，恒星、行星和生命就都不可能存在。换句话说，我们在这里的事实就是表明它们存在特定值的观测事实。别忘了，如果不是这样的话，我们就不会在这里谈论这个事实了。

不出所料，这种人择原理（anthropic principle）混乱的逻辑备受争议。这个观点的拥护者在观察到宇宙中电磁力或引力造成的后果之后，指出了它们有独特的数值，但这无助于增强人择原理的可信度。霍伊尔对碳–12原子核存在7.65兆电子伏特能级预测的独特性在于，预测是在任何观察或实验之前做出的。1973年之后，霍伊尔的预测被誉为人择原理的巨大成功。[12]

事实上，这三个由核进程带来的好运对我们的生存来说，可能并不像乍看起来那么必要。人择原理的拥护者经常会说，如果原子核内束缚核子的强核力（strong nuclear force）减弱几个百分点，就不可能产生足够的碳–12，却不会说，如果强核力再稍微强一点，就会使铍–8的原子核变得稳定。至关重要的是，这将为碳–12和所有重元素的形成开辟一条全新的道路。所以，铍–8不稳定的事实充其量只是一种单方面的运气。

其实，霍伊尔在1953年是这样说的："现在重元素存在，因此碳–12一定存在能量为7.65兆电子伏特的能态，才能打开通往锻造重元素的大门。"然而，霍伊尔从人择原理的角度看待事物之后，他的陈述蜕变成了："现在我存在，因此碳–12一定存在能量为7.65兆电子伏特的能态。"

绕过铍-8屏障意味着为锻造重元素开辟了道路。随着大质量恒星的演化，其核心变得越来越致密、越来越炽热，其内部深处的氧–16会与氦核合并形成氖–20，氖–20会与氦核合并形成镁–24，依此类推。当反应进行到在硅中加入氦，在30亿摄氏度左右的温度下形成铁时，这个α过程到达了终点。在这个反应发生时，恒星内部将会失去平衡。与之前的核反应不同，硅燃烧不会释放能量，而是会吸取恒星的能量。但是，由于恒星依靠这种核能提供的热量产生向外的推力，抵抗引力对恒星的挤压，因此失去支撑的核心会发生内爆。强烈的爆炸会将超新星的外壳抛射出去，将这颗恒星一生辛苦积累起来的许多元素散布到太空中去。这种内爆过程的机理至今仍不十分清楚。

铁族元素是在超新星爆炸时短暂存在的核热动力平衡（thermo dymamic equilibrium）中产生的。此外还有许多其他过程负责锻造元素，比如α过程。实际上，在玛格丽特·伯比奇（Margaret Burbidge）、杰弗里·伯比奇（Geoffrey Burbidge）、福勒和霍伊尔于1957年发表的一篇具有里程碑意义的论文（简称为B^2FH）中，确定了8种不同元素的锻造过程，这些过程锻造了今天我们在宇宙中看到的所有元素。[13]其中有两种过程——快中子进程和慢中子进程——是通过每次添加1个中子的方式来合成原子核的。由于中子不带电荷，因此，在这样的过程中，中子接近原子核时不受排斥。快中子进程和慢中子进程分别在超新星爆炸和红巨星中形成富含中子的（neutron-rich）原子核。

威利·福勒因为发现了像铁和镍这样的元素很常见，而像锂和铍这样的元素很少见的原因，获得了1983年的诺贝尔物理学奖。而霍伊尔却未能获此殊荣，不过，后来福勒坦承，要不是弗雷德·霍伊尔在1953年冬天那个决定命运的日子里走进他办公室的话，他可能依然只是一个普普通通的核物理学家。

尽管论文B^2FH取得了巨大的成功，然而，少量元素如金和银的起源一直是个谜。直到2017年8月17日，激光干涉引力波天文台（the Laser Interferometric Gravitational-Wave Observatory，简称LIGO）探测到引力波后，这个谜才最终被解开。金和银来自两颗极临近中子星（neutron star）的合并。从地球上接收到的γ射线不仅携带了金和银的指纹，事实上，还透露了其黄金产量相当于地球质量的20倍。

这个从1944年开始讲起的霍伊尔的非凡故事已经接近尾声了。我们与星星关系的紧密程度甚至超出了占星家们的想象。你想看一小块星星吗？举起你的手就能看得到。你血液中的铁、你骨骼中的钙、你每次呼吸吸入的氧气，所有这一切都是在地球和太阳诞生之前的恒星中锻造形成的。你的肉体就是由星尘变来的。你简直就是天堂制造。

第 5 章

幽灵猎手——中微子

正是从恒星中涌出的中微子将核心的内爆转变为超新星爆炸，将恒星的外壳吹向太空。这些气体注定会成为酝酿、诞生新一代恒星的温床。如果没有中微子，生命所必需的元素将永远禁锢在恒星内部。

中微子物理学在很大程度上是一门什么都观察不到，却能学到大量东西的艺术。

——哈伊姆·哈拉里（Haim Harari）[1]

我做了一件可怕的事情：我假设了一个无法检测到的粒子。

——沃尔夫冈·泡利（Wolfgang Pauli）

1956年6月14日，南卡罗来纳州萨凡纳河

在开车去炸弹工厂的路上，弗雷德里克·莱因斯（Frederick Reines）一直在唱歌，他喜欢唱歌就像他喜欢物理一样。莱因斯在新泽西上大学的时候曾求教大都会歌剧院（Metropolitan Opera）的声乐老师，并参演了亨德尔（Handel）创作的《弥赛亚》（*Messiah*）中的独唱。[2]据说，在遇到特别棘手的理论问题时，莱因斯经常把自己锁在办公室里唱几个小时的歌。6月的一个早晨，当莱因斯优美的男中音从摇下的车窗里传出来时，还真吸引了不少行人。但这一次，他是因为难以抑制内心的激动才唱歌的，在经过将近一年的艰苦工作（如果把前期努力都算上的话，应该是5年），莱因斯及其团队即将实现某个不可能实现的目标。

艾肯（Aiken）是一个美丽的海滨社区，自1955年11月以来，研究团队就定居于此。从艾肯到萨凡纳河工厂（Savannah River Plant）有8英里（约13千米）远。当莱因斯驾车驶出镇子的时候，山茶花和木兰花的芳香随着湿热的空气从窗口飘进来。这使他想起刚从洛斯阿拉莫斯的大沙漠来到这里的那天，南卡罗来纳看起来充满了异域情调。

他第一次从艾肯开车出来，穿过沼泽般的萨凡纳河谷时，车子忽然碾过路上的什么东西，接着，车子就像经过减速带那样猛地一颠，他回头一看，竟然是一条响尾蛇。[3]

在萨凡纳河工厂的门口，莱因斯的车子排在了长长的两排车队的后面。这个工厂有5座核反应堆、几套分离装置以及核废料的储存设施，面积比纽约市还大，雇用了近4万人。当美国政府宣布计划建造该工厂时，曾谎称不是为“制造原子武器”而建的。但每个人都心知肚明，这座工厂生产的产品是制造核武器的核装药——这就是为什么在艾肯的商店和海滩酒吧，人们私下里都把萨凡纳河地区称为“炸弹工厂”。[4]

1949年9月初，美国空军一架B–29轰炸机在苏联太平洋沿海上空侦察时，确信嗅到了原子弹爆炸的气息。像在洛斯阿拉莫斯的大多数同事一样，莱因斯也曾加入曼哈顿计划，参与了第一枚原子弹的制造。他还清楚地记得，当听到美国已经失去了核垄断的地位时大家震惊不已的表情——广岛核爆炸才过去4年，苏联人就赶上来了。

为了对抗苏联的威胁，美国总统哈里·杜鲁门（Harry Truman）着手推动研制一种超级炸弹，其破坏力让原子弹都相形见绌。这需要在全国范围内建造大量设施，不仅需要制造这种氢弹的核装药，还要把氢弹组装起来。作为该计划的一部分，1950年11月28日，美国政府宣布征用萨凡纳河附近约500平方千米的土地用于制造核弹的两种关键元素：氚和钚。为此推平了4个城镇，迁移了6000人，到1952年初，炸弹工厂全面投产。[5]

1952年11月1日，美国在伊鲁吉拉伯岛（Elugelab）引爆了一枚氢弹。伊鲁吉拉伯岛是埃内韦塔克环礁（Enewetak Atoll）的一部分，该环礁岛位于太平洋上。这颗氢弹的破坏力是广岛原子弹的700倍，整个伊鲁吉拉伯岛都蒸发不见了，直径达150千米的放射性蘑菇云冲入云霄，并在海底炸出了一个2千多米宽、16层楼那么深的大坑。然而，仅仅9个月后，也就是1953年8月，就传来了令人难以置信的消息：苏联人也成功引爆了自己的“氢弹”。尽管当时苏联的设计还不能通过等比放大以达到更大的爆炸当量，但大家都知道这只是时间问题。果然，1955年11月22日，苏联在哈萨克斯坦（Kazakhstan）的塞米巴拉金斯克（Semipalatinsk）试验基地引爆了第一颗真正的氢弹。

终于排到莱因斯了，他从敞开的车窗里晃了一下自己的证件，就朝着粗笨庞大的P反应堆加速驶去。萨凡纳河核工厂拥有5座反应堆，分别以R、P、K、L和C命名，字母是随机选择的。这些反应堆间距2.5英里（约4千米），是为了防止被苏联一击全灭；反应堆呈马蹄形曲线分布，以便规避直线轰炸。每一个反应堆都非常巨大，仅地面以上的部分就有60米高。为加强防护，反应堆在地下还有12米。正是这一点吸引了莱因斯及其团队。他们从新墨西哥州来到这里追求他们梦寐以求的猎物：一个25年前就被预测到的幽灵般的亚原子粒子，它的存在肯定会在今天被证实。

1930年12月，瑞士苏黎世

这种难以琢磨的粒子是由奥地利物理学家泡利预测的。沃尔夫冈·泡利自幼聪明过人，他在21岁时就写了一篇关于相对论的综述文章，其精辟程度让相对论的创立者爱因斯坦都刮目相看。事实上，这位著名的泡利先生自信得近乎傲慢，有一次爱因斯坦演讲结束后，泡利站起身转向听众，向他们保证：“爱因斯坦教授所说的并不完全是愚蠢的。”[6]

20世纪20年代中期，泡利因其对原子以及构成原子的亚微观世界做出的革命性描述而成为量子理论的主要创建者之一。事实上，他的名字因泡利不相容原理（Pauli exclusion principle）而不朽。这一原理禁止两个或两个以上的粒子处于完全相同的状态，从而在理论上使原子和日常世界的存在成为可能。

到了20世纪20年代末，一个新的谜团开始困扰泡利和他的同事们。这个谜团与放射性β衰变（decay）有关。β粒子是来自不稳定原子的内部，或者说是原子核的三种不同类型的辐射产物之一。不稳定的原子通过衰变，重新安排原子核的结构以使其达到一个更稳定的状态。1899年，也就是法国人亨利·贝克勒尔（Henri Becquerel）发现自发放射性的3年后，新西兰物理学家欧内斯特·卢瑟福指出：β粒子是电子，并且不是像围绕太阳公转的行星那样围绕原子核旋转的普通电子，而是来自原子核内部的电子。

在原子核的世界里，更高的稳定性是更低的能量的同义词。因此，当原子核衰变时，总是从能量较高的能级跃迁到能量较低的能级，并以α粒子、β粒子或γ射线的形式释放出多余的能量。实验人员观察到，α粒子和γ射线释放出的能量总是固定不变的，如果三种核辐射释放出的能量都等于原子核辐射前后状态的能量差，那就十全十美了。然而，在1914年，英国物理学家詹姆斯·查德威克发现β粒子并非如此。与α粒子和γ射线不同，β粒子携带的能量并非固定不变，而是在一定的范围之内连续分布。

我们用枪来打个比方。如果发射子弹的能量确定不变，那么每颗子弹都会以同样的速度从枪口射出。绝不会出现以下这样的情况：第1颗子弹以中等速度射出，第2颗子弹以高速射出，第3颗子弹的速度则太慢了，以至于它刚一出枪口，就掉在了地上。然而，小电子子弹在β衰变时，就是以这种不可能的方式射出的。这无疑使物理学家们对查德威克的实验结果感到莫名其妙。

当然，β 粒子的行为可能并没有什么特别之处。或许在逃逸之前，这些 β 粒子像弹球机里滚动的弹球一样在原子内部来回弹跳，撞击了多个电子，并将一部分能量转移给了其他电子。然而，1927年，这种可能性被剑桥大学的查尔斯·德拉蒙德·埃利斯（Charles Drummond Ellis）和威廉·阿尔弗雷德·伍斯特（William Alfred Wooster）的实验排除了。[7] β 粒子仍然是未解之谜。事实上，这个有难度的问题反倒激起了玻尔的兴趣。尼尔斯·亨利克·戴维·玻尔，量子理论的创立者之一，也是20世纪继爱因斯坦之后最伟大的物理学家之一。在考虑 β 粒子之谜时，玻尔对物理学的基石之一——能量守恒定律——提出了质疑。能量守恒是指能量既不能被创造，也不能被消灭，只能从一种形式转换为另一种形式。玻尔认为，在原子世界中，也许能量的转换并不遵循守恒定律。

我们再回到泡利，当时他是苏黎世联邦理工学院的物理学家，对泡利来说，能量守恒就像暴风雨中波涛汹涌的大海里的救生筏，放弃它是绝对不可想象的。“玻尔完全走错了路。”他说。但是，如何解开 β 粒子之谜呢？

那时泡利正经历着其一生中最糟糕的一年。两年前的1927年11月，他的母亲在被其父亲抛弃后而自杀了，这件事对泡利造成了重大影响。1929年5月，他退出了天主教会——毫无疑问，泡利觉得他被上帝抛弃了。此后，在1929年12月23日，泡利与来自柏林的凯思·德普纳（Käthe Deppner）结婚了。当时德普纳23岁，比泡利小6岁，是一名卡巴莱[①]（cabaret）歌舞演员。德普纳遇到泡利时已经和一位名叫保罗·高

① 卡巴莱是一种具有喜剧、歌曲、舞蹈及话剧等元素的娱乐表演，盛行于欧洲。它的表演场地常是酒吧、餐厅或有表演舞台的夜总会。

尔德芬格（Paul Goldfinger）的药剂师在约会了，而且在他们婚后，德普纳和这位药剂师也一直保持着关系，她甚至都没和可怜的泡利住在一起。泡利曾这样告诉一位朋友，他的婚姻是“松散型的”。[8]

德普纳最终选择离开泡利，跟另外一个男人生活在一起，这令泡利伤心不已，但更让泡利感到羞辱的，是那个男人的身份伤害了他作为一流科学家的自尊心。“要是跟一位斗牛士跑了，我还能理解，”他向朋友们抱怨道，“她怎么会看上这么个不起眼的药剂师！”[9]

婚姻的不如意导致泡利开始酗酒，还养成了吸烟的习惯。[10]“我根本无法很好地与女人相处，”他绝望地写道，“恐怕我不得不忍受这一点，但忍耐也是有限度的，也不容易忍着。我有点担心，随着年龄的增长，我会越来越孤独。”[11, 12]

在夫妻关系最紧张的时期，泡利将全部精力放在量子理论引发的棘手问题上，也许这能帮助他暂时摆脱情感困境，但也可能使他和德普纳的关系雪上加霜。德普纳说，泡利收到了许多物理学家的来信，尤其是量子理论先驱沃纳·海森堡（Werner Heisenberg）的。收到信后，泡利在他们的公寓里走来走去，“像一头关在笼子里的狮子……以最尖刻、最诙谐的方式写出自己的观点”。[13]正是在那痛苦的11个月，也就是和德普纳保持若即若离的婚姻的那段时间里，泡利想出了解决β粒子衰变难题的方案。

1930年12月4日，在德国召开的一次会议上，泡利发布了一份公开信，向其他科学家提出了他的方案。[14]信的开头这样写道：“亲爱的女士们、先生们：不幸的是，我不能亲自到图宾根（Tübingen）来。因为12月6日至7日晚上苏黎世的舞会不能没有我。”舞会在苏黎世市中心最著名的巴尔拉克酒店（Baur au Lac Hotel）举行。尽管和德普纳离婚才过去10天，但在感情上伤痕累累的泡利已经打算马上重新振作起来，给自己再找一个女人。

在图宾根会议上，这封信被高声朗读出来，听众就包括后来在核裂变的发现过程中发挥关键作用的莉泽·梅特纳（Lise Meitner）。泡利指出，假设β衰变中的能量本来是固定的，如果存在某种迄今未知的粒子和β粒子共享该能量，那么也可以解释为什么从原子核发射的电子不具有固定能量。

再想想那支枪。如果子弹从枪管中射出时，伴随着另一个未知发射体，则两者共享发射时提供的能量。此时，如果未知发射体分得的能量少，那么子弹分得的能量就多，使其以高速射出；如果未知发射体分得的能量多，那么子弹分得的能量就少，使其以极低的速度射出枪口就掉落在地。事实上，子弹所得的能量范围取决于那个发射体带走了多少能量。

然而在β衰变过程中，谁也没见过由原子核发出的任何与电子相伴的粒子。因此，泡利的新粒子一定很少与正常物质的原子相互作用。事实上，泡利估计需要10厘米厚的铅墙才能阻止其前进。

泡利也考虑了这个假想粒子的具体性质，如果真有这种粒子的话，为了不明显影响原子核的质量，它必须很轻。但泡利并没有意识到，它可能并不存在于原子核中，而是在发射电子的那一刻才产生，就像光在发射时才形成光子一样，绝对不是从预先存在于原子内的光子包里拿出来的。泡利还特别提到了假想粒子的电荷，电荷和能量一样，既不能被创造，也不能被消灭。例如，在β粒子衰变时，总电荷量没有净变化——尽管原子核的正电荷增加了，但发射的电子携带了一个单位的负电荷，对正电荷进行了补偿。[①] 为了不破坏这种微妙的平衡，新粒子一

---

① 现在知道，在β衰变过程中，原子核中的中子转变为质子。由于质子和中子都是由3个夸克组成的复合粒子，可以更具体地说，中子中的下夸克变成上夸克，中子变成了质子。

定不带电荷。意识到它是电中性之后，泡利把它命名为中子，后来被改称中微子（neutrino）。

“对这个假设发表的任何东西，我都没有任何把握。”泡利在他给图宾根会议的信中写道。中微子是一个“绝望的补救措施”，因为在1930年，人们只知道物质的三种亚原子结构：原子核中的质子、环绕原子核的电子和光的粒子——光子。如果泡利再添加一个粒子，就将大自然的基本构件数量增加了1/3。

1931年6月16日，在加州帕萨迪纳举行的美国物理学会首届夏季会议上，泡利第一次公开了自己对中微子的预测。但物理学家们开始关注它已经是4个月之后，由费米在罗马组织的一次会议上发生的事了。恩里科·费米（Enrico Fermi）注定是自伽利略以来最伟大的意大利科学家，他和泡利一样对量子理论做出了重要贡献。费米立刻被这位奥地利物理学家的想法迷住了，不仅因为这个想法解决了β粒子的能量分布问题，而且解决了另一个难题——自旋。

物理学家们发现，亚原子粒子看上去好像在旋转，尽管它们并没有旋转。就像亚微观量子领域的其他事物一样，自旋也是以不可分割的整体，或者说是以“量子”形式出现的。由于自旋电荷的作用类似一块小磁铁，因此可以从运动粒子在磁场中偏转的形态来推断其自旋。质子、中子和电子的自旋都是一个特定值的1/2（出于历史的、令人费解的原因，自旋的最小值是某一特定值的一半）。[15]那些主要由费米确定的具有半整数自旋的粒子，统称为费米子（fermion）。

亚原子粒子的自旋就像电荷和动量一样，也是永远不变的物理量之一，或者说是守恒的。[①]然而，如果1个中子（自旋1/2）衰变成1个质

① 这种表述并不严谨。守恒的是角动量（angular momentum），自旋只是有着固定的角动量（内禀角动量）。

子（自旋1/2）和1个电子（自旋1/2），最后的总自旋可能有两种结果：如果衰变后得到的质子和电子的自旋方向相同，则总自旋为1；假如衰变后得到的质子和电子的自旋方向相反，则总自旋相互抵消，数值为0。这两种情况的自旋数值都不等于衰变前的总自旋1/2，这违反了自旋守恒。好在泡利在给图宾根会议的信中不仅提出了中微子不带电荷、质量很小，以及很少与正常物质相互作用，而且泡利还假设了中微子拥有1/2的自旋。如果是这样，在衰变后的质子产物中加上中微子，那么质子、电子和中微子（1/2＋1/2－1/2=1/2）的自旋就有可能等于衰变前中子的自旋（1/2），符合自旋守恒。

泡利的预测同时解决了许多问题，而且，他预测的中微子所具备的特性，诸如自旋、电荷、质量和穿透能力等，都通过实验观测得到了证实。在物理学历史上，还从来没有人做出过这样成功的预测。这也激发了费米的想象力，1931年10月的罗马会议一结束，他就决定着手开发革命性的β衰变理论。[16]

就在费米酝酿β衰变理论的几年里，前面也有提到过，两种新的亚原子粒子被发现了，那就是中子和正电子。1932年8月，加州理工学院的卡尔·安德森在帕萨迪纳研究宇宙射线时，发现了第一个反物质粒子——一个带正电荷的孪生电子，取名正电子。① 1932年1月，英国剑桥大学的詹姆斯·查德威克发现了原子核中的第二种组分，其质量与带正电荷的质子相同，但不带电荷的中子。正是中子的发现，使费米为泡利假设的粒子起了一个新名字——“Neutrino”，即中微子。“Neutrino”一词在意大利语中有“小的、中性的东西”的意思。

① 宇宙射线是来自太空的高速原子核，大部分是质子。其中低能的射线来自太阳，高能的射线可能来自超新星。超高能宇宙射线粒子的能量比目前在地球上人工产生的粒子最高能量高出数百万倍，其起源是尚未解决的巨大天文学难题之一。

费米发表于1934年的β衰变理论非常成功。这个理论表明，除了众所周知的万有引力和电磁力之外，还存在第三种基本的自然力。费米把这种新的相互作用称为弱力，弱力只在原子核内很短的距离内起作用，这也是以前没有人注意到它的原因。弱力的作用是把原子核中的1个中子变成1个质子，同时产生1个电子和1个反中微子（antineutrino）。

费米的理论也容许逆向过程发生，即质子捕获中微子，转变成中子并放射出正电子（事实上，中微子就是在这一过程中产生的。β衰变中产生的是反中微子，这正是泡利预测所表述的事情）。物理学家汉斯·贝特和鲁道夫·佩尔斯（Rudolf Peierls）立即指出，依据费米的理论，这种逆β衰变（inverse beta decay）发生时，中微子在飞向质子时会撞上其他物质，从而被探测到，但实际上，这种情况极少发生。

费米并没有说弱力这种新的相互作用毫无意义。事实上，弱力比电磁力——那种把我们体内的原子聚集在一起的力——弱10万亿倍。这种力太微弱了，由计算得知原子核中的质子捕获中微子的概率接近零。[17]尽管泡利认为一块大约10厘米厚的铅板差不多就可以挡住中微子，但根据费米的理论，似乎需要好几光年厚的铅板才行。①②[18]正如美国小说家迈克尔·查本（Michael Chabon）随后评述的那样："如果你想不被中微子打到，就需要把自己包裹在8光年厚的铅里面，这还是所需的最小厚度。我猜这些小浑蛋无处不在。"[19]

尽管费米的β衰变理论支持中微子存在，但许多人依然怀疑它是

---

① 在量子理论中，基本力是通过交换携带力的粒子（媒介子）实现的。因此，弱力是指携带力的粒子很少交换的力，而强力是指频繁交换媒介子的力。参与弱相互作用的中微子与其他粒子极少交换媒介子，这就是为什么中微子与其他物质相互作用如此微弱的原因。

② 光年是指光在一年内在真空中传播的距离，1光年大约等于10万亿千米。

否存在。这怎么能怪他们呢？就连诺贝尔奖得主、美国物理学家利昂·莱德曼（Leon Lederman）也曾评述道：“中微子……必将赢得极简主义大赛的冠军：零电荷、零半径，而且极有可能还是零质量。”[20]

在这些持怀疑态度的人中就有英国天文学家亚瑟·斯坦利·爱丁顿。“此刻，核物理学家们正忙于撰写想象中的粒子，即所谓中微子的文章，试图解释β衰变中特定的观测现象，”他说，“或许最好将中微子描述为分离出去的微弱自旋能。我对中微子理论不太感兴趣。”

然而，爱丁顿并没有说他不相信中微子：“我必须意识到，物理学家就像是艺术家，你永远不知道他接下来要上演哪一出。”爱丁顿认为，如果的确有中微子，那么就要证明它的存在。但即使是这个时候，爱丁顿也很谨慎。“我敢断言实验物理学家们缺乏足够的创造力制造不出中微子吗？”他说，“不管心里怎么想，都不要冒险拿实验物理学家的技术来打赌。如果他们成功地制造出了中微子，甚至开发出了中微子的工业应用，我想我不得不相信，但我可能会觉得他们搞了小动作（发现，还是制造？）。”[21]

即使对那些相信中微子存在的人来说，中微子的不可探测性也是一个难以克服的问题。具有讽刺意味的是，虽然生活中的泡利是一个非常害怕孤独的人，但他预测了宇宙中最孤僻的粒子的存在。这种粒子孤僻到几乎与宇宙中的任何东西都不产生相互作用。“我做了一件可怕的事，”泡利说，“我假设了一种无法被探测到的粒子。”前沿物理学家一致认为不可能探测到中微子。事实上，泡利自己就以一箱香槟为赌注跟人打赌说，没人能找到中微子。

1955年11月，新墨西哥州洛斯阿拉莫斯

十多年来，弗雷德里克·莱因斯一直在做“不可能”完成的事情。1944年，他加入曼哈顿计划时所做的事情看起来就是不可能的，那就是让核原料释放出比等量的炸药多100万倍的能量。但他们于1945年7月16日在阿拉莫戈多（Alamagordo）完成了这一壮举。“我成了死神，世界的毁灭者。”曼哈顿计划的负责人罗伯特·奥本海默在观看了新墨西哥沙漠上空的蘑菇云升入黎明的天空时，引用了《薄伽梵歌》（*Bhagavad Gita*）中的这句名言。

接下来，莱因斯又与研究团队一起解决另一个不可能：制造超级炸弹——一种用原子弹触发、释放能量的原理如同太阳的装置。1952年11月1日，他们实现了这一壮举，在埃内韦塔克环礁引爆了氢弹。

研究团队总是面临着不可能的挑战，但他们总能勇往直前、取得胜利。例如，1951年测试增强型原子弹时，他们很清楚，爆炸产生的强烈γ射线将会使从炸弹塔到仪器掩体的信号电缆中产生强烈的电涌，烧毁电子器件。在可撤退范围内唯一能提供可靠防护的就是试验核弹的那座岛，所以他们只能把岛一侧的土堆到岛的另一侧以提供防护。[22]

原子弹试验带来的不可能的挑战使所有参与的人都产生了一种“勇往直前”的精神，一种“目光远大”的志向。正是这种精神促使莱因斯挑战探测核弹爆炸产生的中微子，这又是一项不可能完成的任务。

1951年，在埃内韦塔克环礁成功地进行了一系列核试验后，莱因斯回到了美国。在经历了6年艰苦的核武器试验工作之后，他疲惫不堪，亟须休整一下。莱因斯请求洛斯阿拉莫斯理论部门的领导停止给他委派任务，以便让他有时间思考一下基础物理学的事。卡森·马克

（Carson Mark）是个开明的人，批准了莱因斯的请求，给他安排了一间办公室。莱因斯坐在那里，眼睛盯着一张白纸看了好几个月，苦苦思考着他到底该干点什么。很长一段时间，他都没有头绪，但随后，莱因斯想到了中微子。

在洛斯阿拉莫斯，莱因斯曾是炸弹试验指导和联络小组的成员。有时，该小组会反复讨论一些疯狂的想法，即在核试验中利用热辐射、γ射线和中子的强烈爆发进行一些物理学实验来研究基本的物理现象。所以莱因斯很清楚，核火球会产生一种伴生辐射。当铀核或钚核发生裂变时，会产生2个不稳定的子一代核。在向稳定状态过渡的过程中，每个子一代核平均需要经历6次β衰变，每次会分裂出1个反中微子。因此，核爆炸会产生异常强烈的反中微子爆发。

探测到反中微子的机会低到几乎不可能。但是，莱因斯认为，如果每次产生的反中微子的数量足够多，那么捕获到1个反中微子的概率就会提高。

1951年夏季的一天，莱因斯听说恩里科·费米正在访问洛斯阿拉莫斯，并给他在走廊的尽头安排了一间办公室。费米因在20世纪30年代早期创立了β衰变理论而赢得了1938年的诺贝尔物理学奖，领奖后，他悄悄逃离了法西斯独裁者墨索里尼（Mussolini）统治的意大利。1942年12月2日，费米在美国改变了历史的进程：在芝加哥大学斯泰格体育场（Stagg Field）西看台下的、由室内壁球馆改造成的实验室里，他用铀和石墨建成了一座简陋的反应堆，利用世界上第一个持续的核链式反应释放了原子核的惊人能量。

莱因斯在敲费米办公室的门时，感到有些局促不安。当他告诉这位意大利物理学家他想在核爆炸的冲击波中探测中微子的想法时，费米并没有否定这个想法。令莱因斯颇感意外的是，事实上，费米同意莱因斯的观点，即核爆炸是发现这种难以捉摸的粒子的最佳机会。

中微子几乎不可能被单个原子中的质子俘获。因此，增加机会的方法就是把大量的原子放在一起。莱因斯估计，如果探测器的质量为1吨左右，就有可能探测到少量中微子。但是莱因斯和费米都不知道下一步该怎么办。

费米并未嘲笑莱因斯探测中微子的想法，这增强了莱因斯的信心。问题是只有他一个人痴迷于此，他缺少帮手，但当莱因斯跨越整个国家，飞往新泽西州普林斯顿参加一个物理学会议时，情况发生了改变。莱因斯乘坐的飞机引擎出了故障，被迫降落在堪萨斯城。和他一起从新墨西哥州来的还有另一位物理学家克莱德·柯温（Clyde Cowan）。柯温曾在第二次世界大战期间与英国人一起研究雷达，1949年加入了洛斯阿拉莫斯实验室。尽管莱因斯和柯温都曾是美国炸弹研制小组的成员，但在这之前，他们从未有过适当的交谈机会。现在，当他们在堪萨斯城的街道上漫步、等待飞机维修时，两人相谈甚欢。

莱因斯和柯温的谈话很快就转到了基础物理学方面，以及“世界上最难的实验是什么”这个问题上，两人立刻一致认为是中微子的探测。所有人都认为这是不可能的，这反倒激发了他们的研究热情。二人憧憬着实现这一壮举后，同事们的反应和自己将获得的荣耀。他们当场就决定一起合作探测中微子，莱因斯终于找到了帮手。

回到洛斯阿拉莫斯，莱因斯和柯温铆足了干劲，积极筹划这个项目。于是在1951年末，一个中微子实验小组诞生了。由于中微子是稍纵即逝的幽灵，几乎不会在物质的现实世界中现身，所以探测任务被命名为猎幽项目（Project Poltergeist）。

贝特和佩尔斯已经指出，要通过逆β衰变，才能捕获中微子（更准确地说，是电子型反中微子）：在极少数情况下，1个中微子与1个质子相互作用，产生1个中子和1个正电子。因为电子在物质中无处不在，正电子会很快遇到电子，并与之湮灭。湮灭后的正、负电子转化为两个高能光子，或者叫作γ射线，朝相反的方向辐射出去。莱因斯和柯温打算探测的正是这些γ射线——它们代表发生了正负电子的湮灭，也就间接地证明了中微子的存在。

一年以前，也就是1950年，几个研究团队发现了示踪液体。当带电的亚原子粒子或γ射线穿过这种液体时，射线经过的地方会发出闪光。这种液态闪烁体发出的闪光很微弱，不过可以用光电倍增管（photomultiplier）来增强这些闪光，并将其转换为人类可测量的电信号。所以，可以在闪烁体周围布满光电倍增管来探测γ射线诱发的闪光。

莱因斯和柯温设想的中微子探测器包含液态闪烁体和一箱水。水中的大量质子将为中微子提供大量的目标，当中微子和质子相互作用时会产生的一对γ射线，分别穿过水箱周围装有液态闪烁体的容器，将被放置在每个闪烁体容器周围的光电倍增管检测到。

这个实验用到的竖井并不特别，然而，莱因斯和柯温选择挖掘竖井的地方却一点也不普通——这正是拥有大无畏思想和敢作敢为精神的两位物理学家的过人之处。虽然原子弹威力巨大，能制造出毁灭一座城市的炽热火球，但莱因斯和柯温还是考虑把探测器安置在离这片地狱中心只有50米远的地方。

鉴于没有任何东西能在这样的爆炸中幸存，莱因斯和柯温设想将中微子探测器放置在直径10英尺（约3米）、深150英尺（约45.72米）的竖井中。他们会先把竖井中的空气抽走，在炸弹爆炸前的一瞬间，让探测器自由下落。在2秒的下落过程中，探测器不仅被周围的井壁保护，免受火球的猛烈冲击，而且由于探测器是在真空中做自由落体运动，能避免受到穿过土壤的巨大冲击波带来的潜在的灾难性冲击。莱因斯和柯温在竖井的底部铺上一层厚厚的泡沫橡胶和羽毛，这样，探测器在触底时也能得到保护。莱因斯和柯温打算几天之后再去取回探测器，因为那时候辐射水平会降低，他们可以冒险快进快出。

事实上，这个非凡的计划得到了洛斯阿拉莫斯实验室主任诺里斯·布拉德伯里（Norris Bradbury）的批准。内华达炸弹试验基地甚至已经开始挖掘用来放置探测器的150英尺（约4.57米）深的竖井。但是，在1952年秋，洛斯阿拉莫斯物理学分部的负责人杰罗姆·凯洛格（Jerome Kellogg）问莱因斯和柯温，是否有可能用核反应堆而不是核弹来进行实验。直觉上，这似乎不可能，因为核反应堆的中微子源比核爆炸弱1000倍。然而，当莱因斯和柯温在仔细研究这种可能性时，惊讶地发现这个方案是可行的。

当中微子撞击质子时，不仅产生1个正电子，还产生1个中子。莱因斯和柯温意识到，关键是不仅要探测正电子，还要探测中子。中子可以用像镉这样的物质来检测，镉能像海绵一样吸收中子。将镉与液态闪烁体混合在一起，就可以探测到中子了。在被镉原子核吸收之前，每个中子都会在原子核之间不断碰撞反射，这个过程大约持续5微秒。当中子进入镉原子核之后，会将多余的能量以γ射线的形式释放出来。

这样，连接到光电倍增管的电子设备首先会同时记录到两束来自正负电子湮灭的γ射线，紧接着在5微秒之后又会探测到第三束来自中子的γ射线。一对γ射线先同时出现，延迟5微秒后，收到第三次γ射线，这种信号非常独特，不大可能与检测器探测到的任何其他粒子过程相混合，这也就排除了令人头痛的其他干扰。也正是这个原因，才可能确定在核反应堆中探测到的就是中微子，即使反应堆是比核爆炸弱得多的粒子源。

相较核爆炸，核反应堆还有其他优点。例如，与其提供一个超短的、一两秒钟的时间窗口来检测中微子，还不如连续几周、几个月甚至几年对其进行监测。这样做当然也不会有实验室被烧成灰烬的风险，更不需要有人冒着生命危险从受辐射污染的地方取回探测器。[23]

1953年早春，莱因斯和柯温的团队在车上装了容量可达300升的中微子探测器、几桶液体闪烁液和几架电子设备，前往华盛顿州汉福德核工厂（Hanford Engineering Works）生产钚的反应堆。他们选中的是美国最新、最大的那座反应堆，预计会产生最高的反中微子通量。如果能够用肉眼“看到”中微子，那么这座反应堆就会像第二个太阳一样光芒四射，熠熠生辉。

但在汉福德，猎幽项目被迫暂停了。研究小组要面对的绝不只是逆β衰变中产生的中子，很明显，有一些中子直接来自反应堆核心的裂变核。为了吸收并阻止这些中子到达探测器，研究小组用石蜡、硼砂和铅在实验区周围筑起了一堵厚厚的墙。这个办法奏效了，然而，在探测器中干扰中微子信号的不只是来自反应堆核心的中子，还有一些来自太空的东西。

宇宙射线是由爆炸的恒星以及其他剧烈的宇宙事件产生的高能原子核。在地球大气层的顶部，这些射线猛烈撞击原子核，产生次级粒子，这些粒子像绵绵细雨一样穿过大气层。这些粒子中，穿透能力最强的是μ（muon）子，那是一种重电子。宇宙射线μ子猛烈撞击莱因斯团队围绕实验区建造的屏蔽层中的原子核，产生了中子发射。不幸的是，这些中子比中微子产生的中子要多10倍。“这次实验的教训很明确：很容易屏蔽人为的噪声，但不可能屏蔽宇宙的噪声。”柯温说，“我们感觉已经揪住了中微子的尾巴，但证据还不够坚实。”

莱因斯和柯温很失望，但并没有放弃。他们二人知道，至少实验中使用的技术是有效的，只不过需要一个能更好地屏蔽来自宇宙射线干扰信号的核反应堆。最后他们找到了萨凡纳河核弹工厂的P反应堆，由于深埋在地下12米处，P反应堆完全避开了来自太空的威胁。1955年11月，猎幽项目搬到了南卡罗来纳州。

1956年6月14日，南卡罗来纳州萨凡纳河

莱因斯开车驶过一个写有“危险，不要靠近围栏，这里有高中微子通量”的玩笑标牌，把车停在了一辆卡车旁边。团队曾用这辆卡车运来了大量湿锯末。[24]控制室连同嗡嗡作响的发电机安置在一辆拖车里，相比之下，混凝土的反应堆简直是庞然大物。地上蜿蜒交错的电缆线将电信号从12米以下的闪烁体容器中传送上来，从电缆上面走过时，莱因斯不得不小心翼翼，以免被绊倒。控制室内，柯温面朝布满示波器、开关和发着光的真空管的墙坐着，监视着探测器的输出。

拥有差不多12名队员和10吨重的探测器，以及堆积如山的辅助设备，这个团队进行着当时地球上最大的物理实验。从未有人敢做如此复杂的事情，但那时，其他人也没机会能像他们一样在研究世界末日大决战的武器时，学到尖端的科技；也没人能像他们一样拥有洛斯阿拉莫斯的财务资源、机械加工车间和最新技术。这是大科学，是对未来的展望：有一天，许多物理研究的工作将在跨越国界、雇用数千名研究人员、耗资数百亿美元的实验室中完成。

猎幽项目最终设计了一种双层三明治状的装置，加入氯化镉的2层水作为中微子的靶标，靶标与3层液态闪烁体交错排列。中微子与水箱中的质子相互作用时会产生1个正电子和1个中子，这个正电子与负电子湮灭生成的向相反方向传播的2束γ射线，在分别穿过水箱两侧的闪烁

体容器时，首先几乎被同时探测到。接下来，会在5微秒后，探测到与正电子同时产生的中子释放出的另1束γ射线。

猎幽项目已经运行了1371小时。测量到的γ射线信号不仅比背景信号大4倍，反应堆启动时的信号也比关闭时的信号大5倍。每小时都能探测到3个中微子。

然而，反应堆中核裂变产生的中子穿透反应堆周围11米厚的混凝土屏蔽层，并在实验数据中制造出虚假γ射线的可能性依然存在。他们需要添加些屏蔽物，所以当莱因斯因为值了一整晚夜班而累得睡着时，团队的其他成员正把一袋袋的湿锯末堆在反应堆的墙上。实际上，他们首选的屏蔽物是南卡罗来纳的美食——黑眼豆（Cowpeas），但湿锯末更容易找到，而且价格更便宜，数量也足够多。[25]

如果检测到的一些γ射线来自反应堆产生的中子，多加的这层湿锯末对此应该会有屏蔽作用，使噪声信号减少到1/10。莱因斯问："信号有变化吗？"柯温抬起头，咧嘴笑了笑，说："没变化。"这正是莱因斯想听到的，这说明能穿透反应堆周围11米厚的混凝土屏蔽层的中子带来的干扰并不严重。

在拖车外，早些时候，团队的其他成员已完成了各部分的组装工作。理查德·琼斯（Richard Jones）和福雷斯特·赖斯（Forrest Rice）安装了探测器和铅屏蔽；大型液体闪烁体是由专家F. B. 哈里森（F. B. Harrison）负责的；奥斯汀·麦奎尔（Austin McGuire）设计了包括闪烁体在内的水箱区；海罗德·克鲁斯（Herald Kruse）负责解释示波器的信号；还有"地鼠"马丁·沃伦（Martin Warren）。现在，团队成员们虽然看起来疲惫不堪，但个个兴高采烈、神采飞扬，他们互相击掌、拍背，庆祝克服了最后的障碍，完成了不可能完成的任务。付出了5年辛勤的汗水和努力，终于擒获了难以捉摸的中微子。[26]

剩下的两件事就是拍电报报喜和收拾好装备，驾车回洛斯阿拉莫斯了。

o o o

泡利于1956年6月14日收到了电报：“我们很高兴地告知您，通过观察质子的逆β衰变，毫无疑问，我们已经从裂变碎片中探测到了中微子……弗雷德里克·莱因斯，克莱德·柯温。”

第二天，泡利在苏黎世联邦理工学院回了电报：“投递地址：新墨西哥州洛斯阿拉莫斯1663号信箱。弗雷德里克·莱因斯和克莱德·柯温：谢谢告知。耐心之树结黄金之果。泡利。”

凭借25年前对中微子的预测，泡利真正加入了魔术师的行列。毕竟，即使人们使出浑身解数去狂想，又有谁会想象出像中微子这样虚无缥缈、幽灵一般、彻头彻尾怪异的东西呢？泡利之所以做出这样的预测，唯一的原因是数学逻辑告诉他，中微子必须存在，没有它，放射性β衰变就没有意义。

收到电报一周后，泡利在日内瓦附近的欧洲核子研究组织（法语：Conseil Européenn pour la Recherche Nucléaire；英语：European Organization for Nuclear Research，简称CERN）——欧洲最大型的粒子物理实验室——的一次研讨会上宣布了中微子的发现。莱因斯在1995年诺贝尔奖获奖感言中说，庆祝时泡利开了一箱香槟。[27]这确实是个不错的故事，因为泡利确实用一箱香槟打赌说，中微子永远不会被探测到。但遗憾的是，事实并非如此。[28]

莱因斯和柯温可就没那么幸运了。在南卡罗来纳州的阳光下，他们和团队成员站在P反应堆外庆祝成功时，只能用可口可乐代替香槟。[29]

○ ○ ○

以上只是中微子故事的开始。看看你的手，每秒钟有大约1000亿个中微子从你的拇指指甲穿过。8分半钟以前，这些中微子还在太阳的中心。太阳中微子是从使太阳发光的核反应中产生的。

值得注意的是，莱因斯、柯温的研究小组并不是唯一敢于挑战探测中微子这一难题的团队，甚至在萨凡纳河工厂都称不上唯一。1954年，由雷・戴维斯（Ray Davis）领导的一个研究小组在工厂中一个核反应堆的地下室安装了一个探测器，装有3800升清洗液——四氯化碳。探测器的设计思路是由恩里科・费米的前同事、后来前往苏联的布鲁诺・庞泰科尔沃（Bruno Pontecorvo）提出的。中微子偶尔会与清洗液中的氯原子核相互作用，将其变成氩原子核。氩是很容易分离的气体。收集到的氩原子核数量应与探测到的中微子数量相一致。

不幸的是，戴维斯碰到了莱因斯和柯温在汉福德核工厂遇到的类似问题，探测器没有很好地屏蔽宇宙射线的干扰，所以戴维斯输掉了中微子探测的竞赛。但他非常执着。20世纪60年代中期，在南达科塔州里德的荷马斯塔克金矿的地下矿井深1.5千米处，戴维斯安置了一个装有40万升清洗液的探测器，目的是探测来自太阳核心的中微子。令人难以置信的是，戴维斯成功了，从此，他成为看到恒星核心的第一人。

但这也带来了一个问题。根据太阳产生能量的理论预测，戴维斯本应探测到更多的中微子，但出乎意料的是，他只探测到了预期的1/3~1/2的中微子。是我们对太阳的认识有什么问题，还是我们对中微子的认识有什么问题？

戴维斯面临的难题引发了一波验证他的异常结果的实验浪潮。事实上，一般认为此次事件开启了中微子天文学。几乎所有人都认为戴维斯出错了，然而与预期相反，新实验证实了来自太阳的中微子数量确实不足。[30]

太阳中微子之谜有一个颇为意外的答案，目前已经被加拿大安大略省萨德伯里中微子天文台（the Sudbury Neutrino Observatory）证实：实际上存在三种中微子。戴维斯探测到的是电子中微子（electron neutrino）；1962年，纽约布鲁克海文国家实验室（Brookhaven）发现了μ子中微子（muon neutrino）；2000年，芝加哥附近的费米实验室（Fermilab）发现了τ子中微子（tau neutrino）。没有人知道，为什么大自然选择将中微子和所有其他基本构造物夸克（quark）一分为三。但不容辩驳的是，萨德伯里天文台探测到了三种类型的粒子。根据其2006年的研究表明，只要把这三种类型的中微子的数量加在一起，中微子的数量就不会出现短缺。

早在1957年，庞泰科尔沃就提出，中微子可能以不同的类型出现，并且在中微子从太阳穿过太空到地球的途中，还会从一种类型转变成另一种类型。想象一下，一只狗在街上走了100米后变成了一只猫；这只猫走了100米后变成了一只兔子；然后这只兔子走了100米后又变回了狗。假设出于某种离奇的原因，你的眼睛只能看到狗，那么，也就是说，这段时间内发生的事情，你只能看到1/3。中微子也是如此。戴维斯的实验探测器只对电子中微子敏感，在荷马斯塔克金矿井中捕捉到的是以电子中微子类型出现的中微子，所以只能“看到”1/3的中微子。[31]

这种变化暗示中微子可能有质量，尽管许多人认为中微子的质量为零。根据爱因斯坦的狭义相对论，只有像光子那样的零质量粒子才能以宇宙终极速度光速运动。对于光子这样的粒子，相对论预测其时间会减慢到停滞状态。光子因此不能变化，因为根据定义，变化只能在时间中发生。然而，中微子确实发生了变化——在三种不同的味之间转换。这意味着中微子的速度一定比光速慢，因此其是有质量的。

电子是已知的最轻的亚原子粒子，而中微子似乎比电子要小至少10万倍，毫不奇怪，中微子的质量很难测量。这也表明，中微子获得质量的方式不同于所有其他基本粒子。其他基本粒子是通过与希格斯场（Higgs field）相互作用而获得质量的（见第8章）。希格斯场论是粒子物理标准模型（the Standard Model）的关键组成部分。该模型是对自然界中除引力外的三种基本力的量子描述。虽然标准模型可以成功解释实验结果，但它不能预测基本粒子的质量和基本力的相对强度，因此被认为是对一种更深入、更令人满意的理论的近似。物理学家们希望破解中微子是如何获得质量的难题，可以为这个难以捉摸的万有理论（theory of everything）找到重要线索。

尽管中微子的质量非常小，但其仍然可能对宇宙产生重要影响。仅太阳就涌出大量的中微子，更不要说整个银河系中的其他恒星了，还有138.2亿年前诞生宇宙的大爆炸也产生了不计其数的中微子。[32]中微子是自然界中最鬼魅、最难以捉摸的实体。我们对中微子的情况几乎一无所知，显然它们只是宇宙生命的旁观者，而不是参与者。然而，中微子是自然界中第二常见的粒子，仅次于光子。就绝对数量而言，我们生活在一个中微子和光子的世界中。

所以，即使中微子的质量非常微小，但其仍然是宇宙质量构成的重要部分。事实上，如果还存在尚未发现的大质量中微子，那么中微子可能是宇宙中神秘的暗物质的组成部分，已知暗物质的质量约是可见的恒星和星系的6倍。[33]

但这并不是中微子成为解释宇宙奥秘的关键唯一证据。实验表明，中微子和反中微子的产生和消亡速率不同，这暗示了物质和反物质之间存在着基本的不对称性。也许有一天，它可以解释宇宙中最大的谜团之一——为什么我们生活在一个几乎不含反物质的物质世界中？[34]

当莱因斯带领其团队在1956年探测到中微子时，他的工作还只是万里长征的第一步。1987年，有两个研究小组探测到来自另一颗恒星的19个中微子，莱因斯就是其中一个小组的成员。大麦哲伦星云（the Large Magellanic Cloud）是银河系的一个卫星星系，SN1987A标志着大麦哲伦星云（Large Magellanic Cloud）中一颗大质量恒星的爆炸。这是400年来在银河系中看到的第一颗超新星。

当一颗大质量恒星走到生命尽头时，会耗尽产生必要内热的燃料，导致无法对抗强大重力的挤压。随着核心灾难性地坍缩，温度上升到极高，在恒星的生命周期中好不容易积累起来的元素通过核反应，分裂成质子、中子和电子。电子被压缩进质子中，形成一个被称为中子核（neutron core）的超高密度球。在这个过程中，会释放出大量的中微子。以SN1987A为例，它释放出了10^{58}个（相当于100亿亿亿亿亿亿亿个）中微子。尽管一颗超新星可以发出与拥有1000亿颗恒星的整个星系一样亮的光，但事实上，仅有1%的能量是以光的形式发射出来的，高达99%的能量是由中微子带走的。

正是从恒星中涌出的中微子将核心的内爆转变为超新星爆炸，将恒星的外壳吹向太空，外壳中所含的元素丰富了星际气体云。这些气体注定会成为酝酿、诞生新一代恒星的温床。如果没有中微子，生命所必需的元素将永远禁锢在恒星内部。“大自然为什么需要中微子？它们有什么用？”英国物理学家弗兰克·克洛斯（Frank Close）问道。[35]由泡利提出的“不可能”被探测的粒子对宇宙的重要性超出了所有人的想象，真相惊人。事实上，如果没有中微子，人类根本不会诞生，也就不会读到现在这些文字了。

第 6 章

大爆炸的余晖——宇宙微波背景辐射

COBE卫星将在大气层之外拍摄宇宙微波背景辐射。此次拍摄的成果将是一张宇宙的“婴儿照片”，那时的宇宙大约只有38万岁，冷却的大爆炸物质刚刚开始在引力作用下聚集在一起，构成那些最终会形成星系的东西。

大爆炸留下的辐射和微波炉里的辐射是一样的，但威力要小得多。而且前者只会把比萨加工到零下270.4摄氏度——对解冻比萨来说不太好，更不用说烹饪了！

——斯蒂芬·霍金（Stephen Hawking）

这些元素的烹调时间比做一盘烤鸭和烤土豆的时间还短。

——乔治·伽莫夫（George Gamow）

1965年春天，新泽西州霍姆德尔

在一年的大部分时间里，阿诺·彭齐亚斯（Arno Penzias）和罗伯特·威尔逊（Robert Wilson）都饱受着研究计划的拖延和受挫的折磨，一种静态射电干扰顽固的静噪搞得他们连一点点天文学工作也做不成。但现在，当他们穿上工装连衣裤和靴子，拿着大扫帚爬进20英尺（约6米）的喇叭天线张开的嘴里时，他们觉得噩梦很快就会结束了。

该喇叭天线是一个巨大的金属漏斗状设备，有火车的车厢那么大，坐落于新泽西州霍姆德尔附近的克劳福德山上一个长满树木的土丘上。该套设备建于1959年，隶属美国电话行业巨头美国电话电报公司（American Telephone and Telegraph Co.，简称AT&T），由贝尔实验室（Bell Labs）管理。它是用来测试利用一系列围绕地球的通信卫星发送电话和电视信号的可行性的。

建设这种通信卫星的理念是由英国科幻作家亚瑟·查理斯·克拉克（Arthur C. Clarke）提出的。[1]他在刊登于1945年10月的《无线电世界》（*Wireless World*）杂志上的一篇文章中指出：物体离地球越远，受到地球引力的束缚就越弱，因此轨道运行速度就越慢。在离地球中心35 787千米的距离处，物体的轨道速度会慢到绕地球一周需要24个小时。从地面上看这样的卫星，它就像是悬挂在天空中没有动过一样。

克拉克设想在地球同步轨道（geosynchronous orbit）上等距离地布置3颗通信卫星。环球通信，比如从英国向澳大利亚发送电话通话信号时，英国的发射机就可以向最近的卫星发送无线电信号，然后再由这颗卫星转发给下一颗卫星，下一颗卫星再转发给澳大利亚的接收器。

在1945年，环绕地球的通信卫星只存在于疯狂的科幻小说中。但是对在皇家空军担任雷达技术员的克拉克来说，德国纳粹用V2导弹（德国在1942年研制的第一种弹道导弹，依靠自身动力装置推进）轰炸伦敦的事件让他印象深刻，那时他就已经意识到，既然这种导弹可以发射到如此遥远的城市，那它也可以很容易被射到很高的天空中去。有这种想法的不止克拉克一个人。1947年，美国人缴获了德国纳粹一枚V2火箭，并将之从新墨西哥州的白沙试验场（the White Sands Missile Range）射向天空。火箭冲出了大气层，从太空拍下了地球的第一张照片。

1957年10月4日，当苏联人发射第一颗人造卫星时，克拉克相信科幻小说中的情节很快就会成为科学现实。斯普特尼克1号（Sputnik 1）是一个直径58厘米的金属球状体，在环绕地球运行的过程中不停地发出嘟嘟声。这吓坏了美国人，他们担心苏联人会用这种方式向纽约之类的城市投掷氢弹。人造卫星的出现标志着太空时代的到来，并开启了世界上两个超级大国之间的太空竞赛。AT&T公司和其他许多公司都立刻意识到，他们要进军卫星商务领域，而且要快。

用卫星通信传递信号的最佳方式是利用微波，即波长在几厘米到几十厘米范围内的短波长无线电波。问题是，人、树、建筑物、天空等所有的一切都会发射微波。因此，AT&T公司的工程师面临的挑战是，如何在四面八方都发出强烈干扰信号的情况下接收到天空中卫星传来的微弱的微波信号。

克劳福德山上的微波喇叭天线是根据AT&T公司的工程师们提出的解决方案，于1959年夏天开始建造的。当喇叭天线20平方英尺（约1.86平方米）的开口对准天空中某个点状的物体时，其他来源发出的微波就很难拐进锥形的天线内部。这意味着只有来自指定来源的微波，才会被传送到喇叭天线的锥形末端，并被安置在那里的无线电接收器检测到。

首次对20英尺（约6米）喇叭天线的功能进行测试时，使用了回声1号（Echo 1），这是由美国国家航空航天局（NASA）在1960年发射的一种属于“石器时代”的通信卫星，它实际上是一个直径100英尺（约30.48米）、像充气海滩气球的银色反射体，微波喇叭天线发出的无线电波应该被这个球反射回来，然后再次被喇叭天线接收（喇叭天线具有发射和接收无线电波的能力）。紧随回声1号之后的是第一颗现代通信卫星，电星（Telstar）卫星并不只是简单被动地反射来自地面的无线电波，而是会在转发之前增强无线电波的强度。1962年，电星卫星在美国和欧洲之间转播了有史以来第一次的电视画面，这在全球引起了轰动，甚至还发行了关于这颗卫星的流行音乐唱片。

1963年，世界真正进入了通信卫星的时代，AT&T公司已经不再需要克劳福德山上的20英尺（约6米）喇叭天线了，于是该公司决定让一些射电天文学家接手管理天线。这并非一种利他主义行为，这些射电天文学家和该公司一样，也从事探测天空中超微弱信号的工作，该公司认为，把喇叭天线交给科研人员或许会增加收益。实际上，这并不是该公司首次涉足天文学领域。在20世纪30年代，AT&T公司曾聘请卡尔·詹斯基（Karl Jansky）找出某种严重干扰无线电接收的干扰源。詹斯基通过该项目，收集到了来自太阳的电波和银河系中心的一种神秘信号源〔后来被证实是超大质量（supermassive）黑洞〕的电波，使他获得了

“射电天文学之父”的称号。为了向他致敬，人们将射电发射强度的单位称为詹斯基。

阿尔诺·彭齐亚斯，31岁，纽约人，精力充沛，1962年到霍姆德尔，他的家人都是逃离德国纳粹的难民。罗伯特·威尔逊，28岁，沉默寡言，1964年初到霍姆德尔，来自帕萨迪纳市的加州理工学院。就在威尔逊到来的那年夏天，他们二人开始合作研究。

威尔逊怀疑，在我们所在的形状像一张CD光盘的银河系的周围可能仍保留着由星系形成时残留下来的、极冷的氢气构成的球形晕圈。如果真是这样的话，该气体应该会发出非常微弱的射电波，而喇叭天线能够屏蔽来自周围环境的干扰信号，提高了它接收这种微弱信号的能力，用它来证实晕圈的存在再合适不过了。

然而，威尔逊想寻找的微弱信号很可能会被来自天空的射电杂波所淹没，因此需要对喇叭天线进行改造。通常射电天文学家解决这种问题的方法是将望远镜的视场在天文信号源（比如恒星或星系）和邻近的一片天空之间快速切换。然后将目标观测信号与其他背景信号相减，从而巧妙地消除天空中其他电波的影响。[2]但观测银晕时不能这样做，因为我们在银河系内部，整个天空中都是银晕的信号，我们没有可切换的“别处”了。

彭齐亚斯和威尔逊提出的解决方案是将银晕信号与人工射电源信号相减。彭齐亚斯用冷却到比绝对零度（absolute zero，零下273.15摄氏度）高4开尔文的液态氦建造了一个人工射电源。他把这个冷负载安放在装有射电接收器的棚子里，绑在喇叭天线的锥形末端。

在开始观测银晕微波前，彭齐亚斯和威尔逊要先观测下他们预计的银晕不会发射的某种射电频率，以便确定设备工作正常。这看似奇怪，但自有其道理：如果他们把喇叭对准一片无信号的天空时，检测到信号为零，也就能知道设备是在正常工作的了。

然而，当用非目标频率的信号测试时，意外发生了。倒不是说记录到的信号为零，反而是在没有无线电时检测到了一种静噪。这是物体在大约零下270摄氏度，或者说比绝对零度高3开尔文时发出的电磁波。

起初，两位天文学家以为静噪来自离霍姆德尔不远的纽约。但是，当他们把喇叭天线的接收方向从纽约移开时，静噪仍然存在。于是他们又猜测，静噪可能来自太阳系里的某个射电源，毕竟太阳和木星都会发射射电波。然而好几个月过去了，地球一直绕着太阳转，可是静噪依然维持不变。接下来，两位天文学家猜测静噪是不是氢弹在高空爆炸引起的。1962年7月9日，海星一号（Starfish Prime）向范艾伦辐射带（Van Allen Belts）注入了高能电子。范艾伦辐射带是最近才发现的地球磁场区域，在这个区域可以捕获来自太阳的带电粒子，预计这些粒子绕着磁场线做螺旋运动时会发射出射电波。但这种影响会随着时间的推移而明显减弱，然而静噪并没有减弱的迹象。

最后，彭齐亚斯和威尔逊的目光落在了在喇叭天线里筑巢的两只鸽子身上。乍一看，这似乎不是个安家的好地方。毕竟，每当喇叭天线转向新的方向时，鸽子都得重新筑巢。然而，新泽西州的冬天非常寒冷，而鸽子筑巢的地方——喇叭天线的锥形末端——就在冷却射电接收器的制冷机旁边。去过制冷机后面的人都知道那里很温暖，鸽子们选择了这个舒适的地方来提高家庭生活质量。然而，鸽子长时间的居住逐渐在喇叭天线的内部留下了一层彭齐亚斯和威尔逊所称的白色介电材料。所有人都明白，这就是鸽子粪，它像其他东西一样会发出射电波。彭齐亚斯和威尔逊交换了一下眼神，难道这就是恼人的静噪的来源吗？几个月来一直妨碍他们进行天文研究的干扰大概就是它们产生的吧。

彭齐亚斯和威尔逊在当地的一家五金店购买了一个使用诱饵的哈瓦

哈特（Havahart）捕鸟笼。当鸟踩在平衡板上时，后面的门就会掉下来把鸟困住。在这个捕鸟笼的帮助下，两位天文学家抓住了鸽子，并把鸽子邮寄到AT&T公司在新泽西州惠帕尼（Whippany）的另一个站点。[3] 送走鸽子后，彭齐亚斯和威尔逊爬进了喇叭天线的大嘴，用扫帚辛苦地打扫了1个小时。另外，为了减小喇叭天线内部的铆钉对射电信号的干扰，他们还用铝片盖住了铆钉。

回到地面，换好衣服和鞋子，彭齐亚斯和威尔逊满以为这下问题解决了，终于可以开始真正的天文学研究了。当重达16吨的喇叭天线在支撑轴上开始慢慢转动时，彭齐亚斯和威尔逊的眼睛紧盯着笔式记录器在纸卷上留下的线条，满指望能保持一条直线。然而，当喇叭天线大张的嘴再次指向天空时，笔式记录器的笔尖开始抖动。

干扰竟然还在！彭齐亚斯和威尔逊沮丧地摇了摇头。这到底是怎么回事？

1948年夏，华盛顿特区

拉尔夫·阿尔弗（Ralph Alpher）和罗伯特·赫尔曼（Robert Herman）站在那里欣赏了一会儿黑板上的推算结果，那是集合二人的智慧、经过一整晚的辛劳才得到的。如果他们是对的，宇宙就是有诞生起点的，而不是无始无终、一直存在的，而且证据简直就像飘荡在他们周围一样，唾手可得。

“记下来，记下来，你们两个快记下来！”乔治·伽莫夫看完黑板上的推算结果后命令道。伽莫夫像竹筒倒豆子一样噼里啪啦地发表完一通意见后就走了，留下香烟散发出的烟雾弥漫在空气中，这是他一贯的作风。眼下，伽莫夫手头肯定还有别的事情要忙——星系形成、量子理论，以及诸如写作系列通俗读物《物理世界奇遇记》（*The New World of Mr Tompkins*）等，天知道还有些什么。阿尔弗的这位高傲自大的导师的仓促来访和不由分说的命令，搞得阿尔弗和赫尔曼目瞪口呆、不知所措。但话又说回来，指明这条发现之路的人正是伽莫夫。伽莫夫有恶作剧和酗酒的陋习，使其他物理学家把他当成不靠谱的业余科学爱好者，而不是严谨的科学家。尽管这些事情让阿尔弗和赫尔曼很烦恼，但他们还是很喜欢他。[4]

1933年，伽莫夫和他的妻子——同为物理学家的柳波娃·沃明泽娃（Lyubov Vokhminzeva）——离开了斯大林（Stalin）执政的苏联。由于无法在欧洲找到终身学术职位，伽莫夫于次年前往美国，在华盛顿特区乔治华盛顿大学担任了教授职位，阿尔弗就是在那里与他相识的。当时阿尔弗利用晚上的时间学习，白天则坚持从事导弹理论的研究工作。伽莫夫声音洪亮、热情奔放、玩世不恭，在各方面都不同凡响，虽然他可能没有得到物理学界的高度认同，但他认识所有物理学界的大人物——阿尔伯特·爱因斯坦、尼尔斯·玻尔、沃纳·海森堡等等。在解释放射性α衰变这一存在已久的谜团时，他是第一个将量子理论应用于原子核、为物理学做出了重大贡献的人。

尽管阿尔弗已经在巴尔的摩（Baltimore）的约翰霍普金斯大学（Johns Hopkins University）工作了，但他还是鼓起勇气问伽莫夫是否愿意做他的博士导师，伽莫夫说愿意。就在不久之后，阿尔弗遇到了博士后罗伯特·赫尔曼，他们的办公室只隔着几扇门。赫尔曼顺道过来自报家门时，阿尔弗给他讲起自己正在进行的计算工作，赫尔曼立刻就着了迷。

这项计算工作正是由一直在思考化学元素的起源问题的伽莫夫牵头的。正如前面提到过的，到20世纪40年代，人们已经意识到自然界中的全部92种元素——从最轻的氢到最重的铀——显然不可能都是造物主在创世的第一天就放进宇宙中的，而是一点一点加进去的。有证据表明，元素的丰度和元素原子核的结合强度之间存在联系，这又暗示核反应参与了元素的形成——宇宙起初只有最基本的元素氢，其余的元素都是后来由这种基本元素像搭乐高积木那样组装而成的。

构建这样的元素必须面对的问题是，已知所有的氢核都携带1个正电荷，但同种电荷会相互排斥，这意味着核与核之间存在着强烈的排斥力。能让它们紧密地结合在一起的唯一方法，就是让它们以极高的速度相互撞击，这也就意味着需要高温。要构成新元素，大概需要高达数十亿摄氏度的温度，但是在宇宙中哪里有这么热的炉子呢？

显而易见，炉子就在恒星的内部。但英国天文学家亚瑟·斯坦利·爱丁顿却得出了错误的结论：恒星内部既没有足够的温度，也没有足够的密度进行核合成，这就是20世纪40年代中期伽莫夫思考元素形成时所面临的情况。

伽莫夫曾是数学家、宇宙学家亚历山大·弗里德曼（Alexander Friedmann）的学生。1922年，弗里德曼是第一个认识到爱因斯坦的广义相对论必然推导出我们生活在动态宇宙中的人。宇宙必然处于运动之中，而并非像爱因斯坦自己相信的那样保持静态不变。弗里德曼明确指出，宇宙要么向超密度状态收缩，要么向超密度状态膨胀。虽然“大爆炸”一词是在近30年后才被创造出来的，但弗里德曼早就发现了爱因斯坦方程的大爆炸解（1925年，37岁的弗里德曼英年早逝，这也是伽莫夫与苏联无缘的另一个原因）。

1929年，美国天文学家爱德文·鲍威尔·哈勃利用位于南加州威尔逊山上、当时世界最大的望远镜观测，发现正如弗里德曼所预期的那样，宇宙确实在膨胀，构成宇宙的星系像宇宙弹片一样四处飞散。尽管遥远过去的一次爆炸很可能是宇宙膨胀的原因，但没有人认真地考虑过这个问题，因为它似乎离人们的日常生活太遥远了。直到伽莫夫开始思考这件事，情况才开始有了变化。[5]

伽莫夫用倒着放电影的方法想象宇宙的膨胀：当所有的东西都被压缩到非常小的空间里时，就会变热，就像自行车打气筒里的空气被压缩后会变热一样。伽莫夫意识到，大爆炸之前的宇宙就是一个滚烫的火球。难道自然界的元素就是从这个无法想象的火球熔炉里锻造出来的吗？伽莫夫并不是个注重细节的人，事实上，他常常因为混淆方程式、计算错误而被人诟病。因此，计算的工作自然就交给了学生阿尔弗来做。

阿尔弗和伽莫夫都不清楚宇宙起源时确切的物质成分，只知道其成分一定很简单。阿尔弗尝试了许多种可能性，其中一种就是质子和中子的混合物。1932年，英国物理学家詹姆斯·查德威克发现，除了质子，中子也是构成所有原子核的两个基本元素之一（除了氢核只含有1个质子）。不带电荷的中子很容易进入原子核并与之结合，然而，如果太多的中子嵌入原子核，原子核就会变得不稳定。此时，某个中子会变成1个质子，这个过程称为β衰变。

阿尔弗很快意识到，由于大爆炸火球的迅速膨胀和冷却，只有短暂的时间能用来锻造元素，也就是说，从宇宙诞生算起，只有1~10分钟的时间。在那之后，膨胀就可能使原子核彼此分离得过远，原子核的移动速度变得不够快，碰撞次数过少，撞击力降低到无法使核子间彼此粘在一起。另外，自由的中子大约10分钟后就会衰变为质子，因此中子将迅速被耗尽。

阿尔弗进行了大量的计算，以便分析大爆炸火球中剧烈核反应的最初产物。他发现，这个熔炉可以将大约10%的原子核转化成氦，而剩下的90%则转化成了氢。这是个了不起的结果，因为它正是我们今天在宇宙中观察到的。

尽管计算结果毋庸置疑地支持了大爆炸是锻造元素的熔炉，但从中很难看出比氦重的元素是如何形成的。即便有超过10分钟的时间进行核反应，也无济于事。正如我们所知道的，自然界中并不存在5个或8个核子的稳定原子核，但要锻造更重的元素只有两种可能：氦有4个核子（2个质子和2个中子），再加入1个核子（形成有5个核子的原子核），或者将2个氦原子核结合在一起（形成一个有8个核子的原子核）。锻造更重原子核的途径被彻底阻断了。[6]

阿尔弗就此计算结果撰写了一篇论文，实际上就是他的博士学位论文，他打算用他和伽莫夫的名字署名。但是他的这位导师确实做得很过分，决定在论文上加上汉斯·贝特的名字。贝特并未对此做出任何贡献，加上贝特的名字，作者就变成了“阿尔弗、贝特和伽莫夫”，[7, 8]这让阿尔弗感到沮丧。作为一名学生，阿尔弗将来想获得终身学术职位，就需要现在获得尽可能多的荣誉，但伽莫夫却把水搅浑了。贝特是一位大名鼎鼎的物理学家，曾参与制造原子弹的曼哈顿计划。贝特最为著名的逸事是在华盛顿特区与纽约的往返火车餐车上，在餐巾纸上计算出了可能为恒星提供能量的核反应链。人们必然会误以为贝特才是宇宙核合成计算背后的推手。让阿尔弗最恐惧的是，在博士论文答辩的现场，他发现自己所面对的不仅是伽莫夫和一两名同事，还有大约300名急不可待的物理学家。

然而，生成元素的核反应并不是大爆炸产生的唯一后果。还有一个，那就是阿尔弗和赫尔曼一直在探索的东西，也就是伽莫夫在阿尔弗办公室的黑板上看到的字迹潦草的计算结果。

就在宇宙诞生大约1分钟后，温度约100亿摄氏度时，每个核子大约伴有100亿个光子。因此，光子本应占据着物质世界的主导地位，但现在却只占了宇宙组成的非常小的部分。[9]这就引发了一个问题：那些光子去哪里了？伽莫夫意识到，答案是哪里也去不了。和核爆炸的热量最终会消散到周围环境中不同，大爆炸的热量无处可去，将被永远封存在宇宙中。从定义上讲，宇宙就是一切。因此，作为大爆炸余晖的光子今天肯定还在我们周围。粗略估算表明，在任意空间内，大爆炸遗留光子的总能量应该与星光的总能量大致相等。这使得伽莫夫得出结论：遗留光子与星光是无法区分的，所以绝对没有探测到遗留光子的机会。

阿尔弗和赫尔曼意识到伽莫夫错了。在宇宙诞生后的几十万年，膨胀的火球冷却到大约3000摄氏度时，宇宙历史上的一个关键事件发生了。此时，原子核和电子的运动速度已足够缓慢，这使得两者可以结合在一起形成宇宙中的第一批原子。这对宇宙的面貌产生了巨大的影响。自由电子容易引发散射或改变光子方向，而被束缚在原子周围的电子则不然。因此，在这个后散射时代（epoch of last scattering）之前，光子被迫以“之”字形穿过空间，就像光子在浓雾的水滴间散射一样。之后，雾消散了，宇宙变得透明。与物质解耦（decoupled）后，大爆炸光子能够在空间中不受阻碍地随意直线飞行。

大爆炸遗留下来的光子不再是138.2亿年前其旅程刚开始时的炽热光子，而是在数十亿年间，由于宇宙膨胀被极大地冷却后的光子。在今天看起来，遗留下来的光子就像短波无线电波，或者说是微波，均匀地分布在天空的各个方向，这也被称为微波传播的各向同性。阿尔弗和赫尔曼意识到，这种各向同性是区分宇宙大爆炸的余晖与星光的两个明显特性之一，而另一个特性更技术一点儿。

在大爆炸的火球中，光子与自由电子的每一次碰撞反弹都会交换能量。如果电子运动得很快，光子就获得能量；如果电子移动缓慢，光子就会失去能量。频繁发生碰撞的结果是光子以一种非常特殊的方式重新分配了总的有效能量。最终造成低能量的光子很少，高能量的光子也很少，绝大多数光子的能量都介于两者之间。具有这种驼峰状能量谱的物体被称为黑体（black body）。黑体的光谱特别简单，因为其形状只取决于一件事——温度①。[10]尽管大爆炸的火球膨胀得特别快，但光子与电子碰撞的速度要快得多。所以在火球明显膨胀之前，光子有充足的时间形成黑体。因此，即使光子的温度下降了很多，但仍可保留特有的黑体光谱。阿尔弗和赫尔曼意识到，这种光谱正是区分大爆炸的余晖与星光的第二个特性。只要知道温度，就可以知道一切。

阿尔弗和赫尔曼开始着手计算，二人合作得非常默契，从二人第一次见面时，他们就注意到双方总能想到一起，好像心有灵犀一样。最后，他们算出了一个温度——冰冷的5开尔文（零下268摄氏度）。正是看到了黑板上的这个数字，才促使伽莫夫立即下令："快记下来！"今天，大爆炸遗留下来的余晖正以微波的形式从天空中的各个方向照过来，其光谱与比绝对零度高5开尔文的物体的光谱完全相同。

o o o

根据伽莫夫的指示，阿尔弗和赫尔曼把对宇宙微波背景辐射的预测写成了一篇短论文。如果预测是对的，那么今天宇宙中99.9%的光子都与大爆炸的余晖联系在一起，而来自恒星和星系的光只占区区0.1%。这是

① 黑体可以吸收所有照射到它表面的电磁辐射，并将其100%转化为热辐射。所以其光谱只与温度有关，而与构成黑体的物质无关。

一个了不起的发现。然而是不是有可能哪里出错了呢？最终，他们打消了疑虑，将论文寄给了英国的科学杂志《自然》（*Nature*）。

这篇论文发表于1948年11月13日，阿尔弗和赫尔曼热切地期待着科学界的反应。[11]但科学界并没有反应，有的只是死一般的沉默。没有人会不战而降，在接下来的几年里，这两位物理学家在学术会议中无数次强调他们的研究成果。与会者中也有射电天文学家，这两位物理学家总是提出一个直击要害的问题："这些大爆炸遗留下来的辐射能用射电望远镜探测到吗？""不能。"大家异口同声地回答（但不正确）。因此，没有人愿意站出来找点什么。如果有人愿意找的话，等待他的就是宇宙诞生最显著的特征——大爆炸的余晖。

1965年春天，新泽西州霍姆德尔

彭齐亚斯和威尔逊清理了20英尺（约6米）喇叭天线里的鸽子粪后，那持续不断的、莫名其妙的微波静噪仍然存在，这真让人沮丧。然而更让人沮丧的是，那对鸽子在被送走后不久，又回到了克劳福德山——原来那是一对信鸽。最终，彭齐亚斯和威尔逊只得痛下杀手。尽管可以说这些鸟是为科学而牺牲的，但二人始终不能释怀。这恼人的干扰使他们自从1964年夏天开始合作以来，就一直处于被动待工的状态，完全没有进行任何天文学的观测。

但是，就在他们陷入绝望之际，彭齐亚斯碰巧和朋友伯尼·伯克（Bernie Burke）通了一次电话。伯克是一位射电天文学家，在华盛顿特区的地磁部工作。彭齐亚斯本来打电话给伯克完全是为了另外一件事，但在通话快要结束时，他忍不住抱怨起克劳福德山那些恼人的静噪。伯克一听，便立即告诉彭齐亚斯，最近他参加了普林斯顿大学研究员吉姆·皮布尔斯（Jim Peebles）的一次演讲。伯克记得，当时，皮布尔斯的上司鲍勃·迪克（Bob Dicke）正在普林斯顿大学地质大楼的楼顶上监督一个小型射电望远镜的建造工作，他们正准备寻找可能存在的从早期宇宙高温致密时期幸存下来的微波。[12]

彭齐亚斯挂了伯克的电话，马上给普林斯顿大学打了电话。当时，迪克正在办公室里和团队成员们享用自带的午餐。两人简短地交流了一会儿，在听到"微波喇叭天线"和"冷负载"等词时，迪克团队的成员们面面相觑。迪克放下电话时，大家已经猜到发生了什么。"好吧，伙计们，"他摇摇头说，"他们抢先了一步！"

第二天，迪克一行驱车去了离普林斯顿只有30英里（约48千米）的霍姆德尔。他们先看了20英尺（约6米）喇叭天线、射电接收器和冷负载，又与彭齐亚斯和威尔逊进行了简单的交流，迪克确认他们真的没戏了。普林斯顿大学研究小组一直计划寻找的大部分东西已经被贝尔实验室的两位天文学家在无意中发现了。

宇宙中的光都被束缚在大爆炸的余晖中。如果将一台老式模拟信号电视调拨在两个电视频道之间，屏幕上1%的静噪来自大爆炸。在被电视天线截获之前，这些信号已经在太空中穿行了138.2亿年。在离开大爆炸火球之后，它们从未接触过任何东西。彭齐亚斯和威尔逊发现的宇宙微波背景辐射，为宇宙并非永远存在而是诞生于大爆炸提供了证据。[13]

两个研究团队——彭齐亚斯–威尔逊团队和迪克团队——决定在《天体物理学杂志快报》（*The Astrophysical Journal Letters*）上发表各自的论文，宣布他们的发现。具有讽刺意味的是，彭齐亚斯和威尔逊都是宇宙恒稳态理论的追随者；而该理论是弗雷德·霍伊尔和他的两位同事于1948年提出的，认为宇宙是永恒存在的，不存在极热的、超高密度的起点。因此，彭齐亚斯和威尔逊不愿意把无意中的发现解释为支持竞争对手——大爆炸理论——的证据。在论文中，彭齐亚斯和威尔逊只是把令人讨厌的静噪说成可以支持任何理论的实验结果。同时，他们把对静噪准确身份的猜测留给了一同发表论文的迪克团队。

就在论文即将刊出的两周前，克劳福德山上的电话响了，彭齐亚斯拿起电话，是《纽约时报》（*The New York Times*）的科学记者沃尔特·沙利文（Walter Sullivan）。当时，沙利文正在追踪另一个故事的线索，他碰巧打电话给《天体物理学杂志》（*The Astrophysical Journal*）。一位编辑透露，该杂志即将刊发一些论文，披露一种有可能来自宇宙开端的神秘射电信号。电话中，沙利文就20英尺（约6米）喇叭天线的作用盘问了彭齐亚斯好半天。

当时，威尔逊的父亲恰巧从得克萨斯州来看他。他的父亲是一个习惯早起的人，第二天早早地起床去当地的药店买药，回来时把一份晨报扔到还未起床的儿子的脸上。在《纽约时报》的头版上有一张20英尺（约6米）喇叭天线的照片，上面刊载着有关《天体物理学杂志快报》即将发表那些论文的报道。

o o o

伽莫夫已退休，当时住在科罗拉多州的博尔德（Boulder），他在《纽约时报》上读到了这个报道。但是，令人沮丧的是，伽莫夫没有看到自己的名字，也没有看到阿尔弗或赫尔曼的名字。平心而论，本来他很期待论文在《天体物理学杂志快报》上发表的。

彭齐亚斯和威尔逊论文标题的谨慎和刻板绝对是大师级的——《在4080兆赫处测量到天线温度①过高》。[14]从本质上讲，文中两位天文学家表达的是“在新泽西州霍姆德尔的克劳福德山实验室，用20英尺（约6米）喇叭天线测量有效天顶噪声温度时，在4080兆赫处测得数值比期望值高出约3.5开尔文”。在简短的论文中，他们没有在任何地方提到这种辐射可能来自大爆炸。他们只是指出“对观测到的额外的噪声温度的一种可能的解释，请参见迪克、皮布尔斯、罗尔（Roll）和威尔金森（Wilkinson）在本期随发的论文”。

经伽莫夫告知才听说这两篇论文的阿尔弗和赫尔曼，立刻抄近道迅速赶到图书馆，他们简直不敢相信，大爆炸辐射终于被发现了——17年前，在华盛顿特区的一块黑板上，他们预测的东西真的存在！实际上，就像他们想象的那样，微波背景辐射充满了宇宙。然而，两个人一口气把论文看完后，呆若木鸡地站在那里。论文中竟然只字未提阿尔弗和伽莫夫关于大爆炸中元素锻造（element-building）的开创性工作，也没有任何地方提到阿尔弗和赫尔曼对大爆炸余晖的预测。他们已经努力证明了自己是这方面的魔术师，但看起来就好像没人知道。

难以置信，他们居然被忽视了。他们不仅在《物理评论》（*Physical Review*）的一系列论文中发表了关于大爆炸的计算结果，甚至还就此撰写了许多通俗性读物。事实上，在1952年，伽莫夫就为大众读者撰写了一本名为《宇宙的创造》（*The Creation of the Universe*）的科普读物，书中他谈到了大爆炸中氦的生成以及氦与宇宙温度的关系。1956年，伽莫夫甚至还在流行杂志《科学美国人》（*Scientific American*）的一篇文章中发表了他的观点。

---

① 天线温度是射电天文学中用来度量射电望远镜接收功率的一个量。

现在竟然有人把他们近20年前的研究成果据为己有。这对于伽莫夫、阿尔弗和赫尔曼来说，真可谓“是可忍孰不可忍”。[15]

1978年秋季，新泽西州霍姆德尔

威尔逊首次获悉自己有望获得诺贝尔奖是在1978年初。“有人发表了对下届诺贝尔奖的预测，我想是在《奥秘》（*Omni*）杂志上，作者把我们列进去了，”威尔逊说，“但作者在很多事情上都搞错了，所以我和阿诺都没当回事。”1978年夏天，一个名叫杰瑞·瑞克森（Jerry Rickson）的爱尔兰人也向威尔逊透露了一些消息。瑞克森在贝尔实验室工作，他在瑞典进行访问时，被该国一位顶尖的射电天文学家拉住聊了很久。“他问了一些非常细致的问题，关于阿诺，关于我，以及我们之间的关系，”威尔逊说，“还有诸如谁干了些什么之类的问题。”

后来，威尔逊的一位瑞士同事就说得更加直白了。马丁·施耐德（Martin Schneider）要给威尔逊交一份实验进展报告，但交迟了，所以当两人在贝尔实验室偶遇时，威尔逊问施耐德能否明天把报告放在他的办公桌上。“你明天不会想看那份报告的，”施耐德兴致勃勃地说，“他们就要宣布你获诺贝尔奖了！”

第二天早上7点钟，电话铃声把威尔逊吵醒了，打电话的是他的另一位同事。这位同事在WCBS广播电台上听到一则新闻，想知道威尔逊和阿诺·彭齐亚斯获得诺贝尔奖的消息是否属实。威尔逊也不能肯定，直到瑞典皇家科学院（Royal Swedish Academy of Sciences）发来电报，一切疑虑才烟消云散了。1978年诺贝尔物理学奖授予彭齐亚斯和威尔逊，以表彰他们发现了3K宇宙微波背景辐射。

诺贝尔物理学奖颁发给了威尔逊和彭齐亚斯，这无异于往阿尔弗和赫尔曼的伤口上撒盐。彭齐亚斯和威尔逊只不过是偶然发现了他们17年前就预测到的辐射。如果这还不够的话，贝尔实验室的研究人员在之后长达两年的时间里都没有承认这个信号与宇宙的诞生有任何关系！

迪克和他的同事们坚称，他们并不知道阿尔弗和赫尔曼1948年对大爆炸余晖的预测，他们只是未做好背景调查。公平地说，他们确实尝试做过，然而，在阿尔弗和赫尔曼看来，迪克他们还不够努力。① 因此，阿尔弗和赫尔曼的伤口始终未能愈合。至于伽莫夫，他一直对此事耿耿于怀，直到1968年因酒精性肝病而过早离世，他唯一幸运的是没有听到1978年诺贝尔物理学奖的消息。

威尔逊当然没有权力左右诺贝尔委员会的决定。他说："我认为自己很幸运。"

o o o

大爆炸的余晖是宇宙诞生最鲜明的特征。如果我们的眼睛可以看到微波，而不是可见光，那么我们就像在一个巨大的灯泡里面，会看到空间内充满了耀眼的光。因此，问题出现了：为什么直到1965年，宇

① 迪克相信宇宙始终处于振荡之中。宇宙就像一个巨大的、跳动的心脏，在永恒中不断地膨胀和收缩。如果每个周期都像前一个周期一样开始，那么就有必要摧毁前一个周期中可能是在恒星内部建立的全部元素。迪克意识到，极高的温度会使原子核猛烈地撞击在一起，分解成氢，从而成功地使宇宙进入下一个周期。因此，他偶然想到宇宙经历过一个热密相，留下了热辐射，而他的理由与伽莫夫的完全相左。真正的科学就是这样的：这两个人都因为错误的理由而正确，而每个错误的理由又各不相同。毕竟，我们似乎并没有生活在一个振荡的宇宙中（迪克的观点），而且大多数元素不是在一次炽热的大爆炸中形成的（伽莫夫的观点）。

宙微波背景辐射才被彭齐亚斯和威尔逊发现，而且是偶然发现的呢？诺贝尔奖得主、物理学家史蒂文·温伯格（Steven Weinberg）就此问题以及为什么没有较早地系统性地研究进行了长期的思考。在关于大爆炸的通俗读物《最初三分钟：关于宇宙起源的现代观点》（*The First Three Minutes A Modern View of The Origin of The Universe*）中，他分析归纳了三个主要原因。

温伯格说，首先，也是最直接的原因，射电天文学家告诉阿尔弗和赫尔曼，大爆炸的微波余晖是无法检测的。这不正确，但要承认，检测的确很难，需要一个冷负载与天空的信号相比较，不过这毕竟是可以做到的。

温伯格说，之所以没有人去寻找辐射的第二个原因，缘于该预测来自一个后来被推翻的理论。到了20世纪50年代，每个人都清楚，大多数元素不可能像乔治·伽莫夫期望的那样，都是由大爆炸产生。大自然主要使用了两个熔炉来锻造元素：一个是大爆炸的火球，在宇宙诞生后的最初几分钟里产生了氢核和氦；另外一个是在之后锻造了所有重元素的恒星。不幸的是，当发现大爆炸不可能产生自然界中的重元素时，伽莫夫就放弃了这一预测。很可惜，他把孩子连同洗澡水一起倒掉了。

但是，大爆炸理论没有引发人们寻找辐射的最重要的原因在于，在1965年之前，物理学家很难认真对待认为早期宇宙存在的理论。“物理学家的错误不在于没有认真地对待，而是他们不能认真地对待这些理论。”温伯格说。[16]这完全是由于缺乏想象力所致。在最初的几分钟里，物质的温度和密度与日常经验相差太远，以至于任何人都很难相信事情确实是这样发生的。科学家们无法想象，像宇宙大爆炸这样疯狂的事件会是真的。“3K微波背景辐射的最终发现，最重要的功绩就在于迫使我们所有人认真对待存在早期宇宙的观点。”温伯格说。[17]

1989年11月18日，加州范登堡空军基地

在美国宇航局发射宇宙微波背景探测卫星（Cosmic Background Explorer，COBE）的前一天晚上，相关研究团队的成员飞到了洛杉矶以北100英里（约160千米）的范登堡空军基地。他们在凌晨3点左右被送上巴士，大巴司机把他们放在了离发射台大约1英里（约1.6千米）的地方。天气极冷，离天亮还有一段时间。

COBE卫星所搭载的微波喇叭天线是用于在大气层之外观测宇宙微波背景辐射的。因为有大气层的影响，从地面观测背景辐射非常困难。此次观测的成果将是一张宇宙的“婴儿照片”，那时的宇宙大约只有38万岁，冷却的大爆炸物质刚刚开始在引力作用下聚集在一起，构成那些最终会形成星系的东西。COBE卫星要拍摄的就是这张照片。

旷野里形成了一场大规模集会，现场的人们充满了兴奋和期待。人们等待着，跺着脚取暖。在人群中，有两位上了岁数的老人，他们对自己能被邀到现场感到既惊讶，又高兴。COBE项目科学家、团队负责人约翰·马瑟（John Mather）特意邀请了拉尔夫·阿尔弗和罗伯特·赫尔曼，大家终于认识到这两位魔术师于1948年预测到的大爆炸余晖是一种了不起的远见。

第 7 章

太空中的洞——黑洞

之所以把黑洞看成怪物，主要是因为其内部包含一个奇点。当恒星无法抵御引力坍缩而形成黑洞时，最终会被挤压成密度无穷大、体积无限小的点。这种奇点标志着空间和时间的崩溃——实际上是物理学本身的崩溃。

自然界的黑洞是宇宙中最完美的宏观物体：构成它们的唯一要素是我们对空间和时间的观念。

——苏布拉马尼扬·钱德拉塞卡（Subrahmanyan Chandrasekhar）

黑洞是上帝除以零的地方。

——史蒂文·赖特（Steven Wright）

1971年秋，东萨塞克斯郡赫斯特蒙塞

在英国一座建于15世纪的城堡的八角屋里，两位天文学家坐在桌旁，研究着令人费解的观测资料。有一颗蓝色的恒星似乎正在绕着一颗并不存在的天体运行，这太不正常了。

1971年夏天，保罗·默丁（Paul Murdin）结束了在美国7年的工作，回国后，在位于赫斯特蒙塞城堡（Herstmonceux Castle）的格林尼治天文台（the Royal Greenwich Observatory，RGO）工作，到入秋这段时间，他一直和露易丝·韦伯斯特（Louise Webster）共用一间办公室。房间很大，但木门很矮，韦伯斯特进出时不得不低头。城堡刚建成时，房间墙上只有几条裂缝能透进一丝丝光线，后来开了一扇大窗户，先前住在这里的人在窗户旁边的墙上记录着雨燕每年回到城堡的日期，透过窗户可以看到周围令人心旷神怡的秀丽景色。护城河之外，牧场上有几只鹅正在悠闲地吃草。

这两位天文学家仔细研究的是一颗名为HDE 226868的恒星。HDE是指《亨利·德雷珀扩充星表》（*Henry Draper Extension*），是由哈佛大学的一小群女天文学家在1925—1936年编制的恒星目录。由于美

国业余天文学家兼医生亨利·德雷珀（Henry Draper）的遗孀资助了这个项目，因此，星表以亨利·德雷珀的名字命名。默丁第一次了解HDE 226868是在纽约州的罗切斯特大学（the University of Rochester），他在那里完成了博士研究之后，又做了几个短期的博士后的工作。

早在学生时代，默丁就意识到，天文研究中的头等大事就是要找到一些值得研究的东西。正如英国幽默作家道格拉斯·亚当斯（Douglas Adams）所说："太空太宽广了。你根本没法儿相信它广袤无垠、漫无边际、令人瞠目结舌的宽广到了什么程度。我的意思是，你可能会觉得走去药店的路就已经很远了，但那对太空来说，这简直就是沧海一粟。"[1]太空中大约有2万亿个星系，其中许多星系都拥有数千亿颗恒星。要想从中找到一个能成就大事的天体，无异于在地球上所有海滩的普通沙砾中找到特别的一粒。

默丁意识到，他需要的是一些可能会显示出某种不寻常事情正在发生的信号。在罗切斯特大学时，他经常与其他研究生一起辩论，什么样的信号符合这样的条件：射电波是一种可能性，但默丁对于新颖的东西很敏锐，他锁定了最新、最有前途的信号——X射线。

X射线是一种高能量的光，由被加热到数十万甚至数百万摄氏度的物质发出。地球的大气层屏蔽了来自太空的X射线，尽管对于地球上的生命来说，这是一种幸运，但对天文学家来说却是不幸的。不管怎样，在20世纪50年代末、60年代初，意大利裔美国物理学家里卡多·贾科尼（Riccardo Giacconi）建造了人类第一台简陋的X射线望远镜。为克服地球大气层的遮挡，1962年，贾科尼和同事们用探空火箭把这台望远镜发射到了大气层的顶层，在火箭下落之前完成了观测。这次对宇宙X射线的短暂一瞥，揭示了许多宇宙X射线的发射源，其中就包括天鹅座X–1（Cygnus X–1），那是太空中发射X射线最强的天体之一。

不幸的是，早期的X射线望远镜过于简陋，只能将宇宙射线源的位置定位到“在某个星座中”。就天鹅座X–1来说，只能定位在那个以天鹅命名的星座范围内。没有人知道发出X射线的恒星到底是什么样子，所以现在需要找出点不合规律的东西。起初，要搜索的天空面积太大，让人感到绝望。但是随着X射线望远镜技术的提高，直到1970年，情况得到了改善。默丁注意到，天鹅座X–1可能存在位置的箱状区域中有一颗远比其他恒星亮得多的恒星（HDE 226868），但似乎它没有更多的特别之处。

这一次，默丁返回英国，就职于东萨塞克斯郡赫斯特蒙塞的格林尼治天文台，依旧是短期职位。那时，美国航空航天局发射的一颗卫星首次搭载了一个灵敏的X射线天文望远镜。乌呼鲁（Uhuru）卫星确定了大量的X射线源天体，默丁得到了目录的预印本。那个确定天鹅座X–1位置的箱状区域因而缩小了很多，现在大约只有满月直径的1/3。重要的是，这块箱状区域里面仍然包含HDE 226868。“那颗星还在摇旗呐喊：‘看看我吧！我真的很有趣！’”默丁说。

能和韦伯斯特在一个办公室工作，真是默丁的运气，否则他的研究不见得能成功。当时默丁还不到30岁，韦伯斯特只比他大一点。这位澳大利亚人正在和格林尼治天文台的台长理查德·伍利（Richard Woolley）合作研究银河系中恒星的运动情况。[2]

默丁并不认为蓝色恒星HDE 226868本身就是神秘的X射线源，他和韦伯斯特研究过这颗恒星的星光，看不出有什么特别。[3]不管怎样，那时人们猜测，这种X射线可能是由恒星的一颗小体积、超高密度的伴星吸积恒星上的物质时发出的。当恒星上的物质旋转着落向伴星（像水旋转着流入排水孔）时，在吸积盘（accretion disk）中发生剧烈摩擦，使物质变得极热，从而发出X射线。因此，默丁心中的疑问是：

HDE 226868是否也有一颗这样的伴星呢？

如果这颗蓝色恒星的速度不断变化，比如它的速度变化表明它先是接近地球，然后再逐渐远离，那就说明它正在绕另一颗恒星旋转。要想弄清这颗恒星的速度是否真的在改变，默丁甚至不必做任何工作，因为当时韦伯斯特和她的团队正在做的就是测量恒星的速度。默丁只要将HDE 226868的天体坐标写在一张纸上，然后交给韦伯斯特即可。

韦伯斯特使用的是100英寸（约2.54米）的巨型艾萨克·牛顿望远镜（Isaac Newton Telescope）。好笑的是，最初这台望远镜竟然建在终年云雾缭绕、雨水丰沛的赫斯特蒙塞〔1979年，在花费了比建造时更高的成本后，该望远镜被移至加那利群岛拉帕尔玛岛的穆查丘斯罗克天文台（the Roque de los Muchachos Observatory）〕。事实证明，这对默丁来说是另一个好运。世界上最好的天文台通常位于海拔高、气候干燥、视野非常好的地方，致力拍摄宇宙中那些非常暗弱、极其遥远的天体。而在赫斯特蒙塞，只能将注意力集中在那些更明亮的、即使在朦胧的天空中也可以“看见”的天体上，而HDE 226868正是这样一颗恒星。

韦伯斯特正在使用超灵敏的光谱仪拍摄恒星的光谱。恒星的光谱记录的是恒星发出的不同颜色或频率的光的亮度。光的频率就像声音的音调一样：当恒星向我们靠近时，光的频率就会变高；而当恒星离我们越来越远时，光的频率就会变低。这与警笛声音的传播相似，警笛在接近你时，声音变得尖锐；在远离你时，声音变得低沉。这种现象被称为多普勒效应。

幸运的是，大自然中每种原子发出的光都有一组像指纹一样的特征频率。要探测恒星相对观测者的运动方向，只需要在恒星的光谱中辨识出一组某种原子的特征光谱，然后与该原子的地球实验室光谱进行比较，看看频率移动的情况即可。

韦伯斯特团队拍摄了6个HDE 226868的光谱。令人失望的是，6个光谱中只有1个显示出这颗恒星有运动的迹象。前景并不乐观。默丁开始对蓝色恒星失去兴趣了。但是，他不是那种半途而废的人，并且那个孤单的频谱也提供了某种信息，他决定让韦伯斯特继续观察这颗恒星。

韦伯斯特如期拍摄到了另外一组光谱。当他们看到光谱时，默丁惊讶地发现，这组光谱图都显示出了运动的迹象。很明显，HDE 226868的确处在环绕另一颗恒星运动的轨道上。默丁使用的是原始的机械式计算器，计算时还需要摇动手柄，他算出HDE 226868每5.6天转一圈。

从默丁推断出的轨道中，可以找到韦伯斯特的第1批光谱几乎没有运动迹象的原因，多普勒频移只能显示恒星朝向地球和远离地球的运动。但第1批光谱中出了点小意外，有5个光谱在拍摄时，HDE 226868恰好运动到了与观测方向垂直的轨道上，那时HDE 226868几乎是既不向我们靠近，也没离我们而去。

事后来看，第1批中那个唯一能提供运动结果的光谱是错误的，引发错误的是某种永远无法追查的仪器问题。但这是默丁的又一个好运。如果没有第6个光谱不正常的显示，默丁就不会让韦伯斯特继续观察，也就不会发现HDE 226868的伴星了。

当默丁和韦伯斯特坐在桌子旁，拿着最新的数据进行分析时，他注意到了看不见的伴星的质量。通过现有的HDE 226868的多个光谱，两位天文学家得知这颗恒星极年轻、极灼热、极明亮，发出的光大约是太阳的40万倍。在1971年，一般人们认为像这样的O型蓝超巨星（Blue supergiant stars）的平均质量大约是20个太阳质量。根据这颗恒星的质量估算值和5.6天的轨道周期，可以确定其伴星的质量。不过这个质量并不精确，因为从地球角度看到的是HDE 226868的轨道在天空中的二维投影，而轨道在实际三维空间中的真实形状是未知的，所以只能说伴星质量比某个最小质量大。

默丁和韦伯斯特分工协作进行计算工作。默丁去走廊50米处的图书馆查阅参考书，反复检查推算未知伴星质量的公式是否正确，公式比较复杂，他要确保自己没有记错。

两位天文学家的讨论只持续了1个小时，他们就得出了确定的结论。伴星的质量至少是太阳的4倍，说不定有6倍。[4]

当时已发现的致密星体只有白矮星（white dwarf）和中子星，并且，距离中子星的发现仅仅过去了4年。当时剑桥大学的研究生乔瑟琳·贝尔（Jocelyn Bell）以脉冲星（pulsar）的名义发现了中子星。但理论上，这两种天体的质量都不应大于2个太阳质量。这样一来，有资格作为候选对象的天体，从理论上讲，就只有一种了。韦伯斯特和默丁面面相觑，韦伯斯特一如既往地镇静自若，而默丁却难以抑制自己的激动，二人都想到了一种骇人听闻的、如噩梦般的天体。早在半个多世纪前，这种天体的存在就被一个躺在野战医院病床上的人预测到了……

1916年冬，东线战场

枪炮声将卡尔·史瓦西（Karl Schwarzschild）从睡梦中惊醒。冬日的阳光透过薄薄的窗帘照射进来，让他眯起了眼睛。史瓦西感觉到骨头深处在隐隐作痛，忍受着这样的疼痛和不适，他很难再次入睡。一时间，他感到情绪很低落，但他不能允许自己屈服于自怜，如果那样，就会遗忘某些东西，某些他必须全力追求的美好东西。恍惚间，史瓦西心中猛然一惊，害怕昨晚的努力只不过是一场梦，史瓦西急切地看了一眼床头柜。噢，谢天谢地，那篇他在凌晨撰写的论文就在床头柜上放着，一切都是真实的。仅用纸和笔，史瓦西就揭示出了宇宙的非凡之处：在太空中的某些地方可能存在着非常可怕的天体，那是一种如噩梦般的东西。

早上例行的清理工作既累人又耗时，护士们穿着缺乏生气的白大褂走进他的隔离室。她们亲切而温柔，帮他清理了一下覆盖了大部分身体的水疱，然后护士们让他坐在椅子上，换掉血迹斑斑的床单。然后给他端来软面包和热牛奶（尽管他更喜欢啤酒）。[5]他咀嚼着松软的面包——这是唯一不会使他那张布满水疱的嘴进一步发炎的食物——听着枪炮声，回忆着把他带到东部前线这家医院的一连串事件。

1914年8月德国首先向俄国宣战时，史瓦西原本没有报名参军的必要。不仅是因为他已经40岁了，更重要的原因是，作为柏林天文台的台长，他正做着德国科学界最有声望的工作之一。但周围的反犹太主义势力正在抬头，而史瓦西就是个犹太人，这是他不能公开讲的事情。事实上，史瓦西在参军前写下的遗嘱中一再叮嘱妻子，要等到孩子十四五岁时，再告诉他们自己是犹太人。[6]尽管史瓦西在生活中并没有参加犹太教活动，但他非常强烈地感到有必要坚定地站出来参军：如果犹太人想要在反犹太主义的浪潮中生存，就必须证明自己毫无疑问是爱国的德国人。正因如此，1914年夏天，当不祥的事件在欧洲蔓延时，史瓦西下定决心，如果真的发生了战争，将不惜牺牲自己的生命来保卫祖国。在德国皇帝凯撒·威廉二世的军队服役的18个月里，史瓦西在比利时负责管理过一个气象站，在法国为炮兵连计算过炮弹的弹道，最后，他被派到了东部前线。就在那里，史瓦西患上了口腔溃疡。起初，他以为这是过度疲劳造成的。1915年的冬天很冷，并且与妻子和家人的分离让他备感压力。但口腔溃疡恶化了，不到一个月，他全身都长出了充血的水疱，形成了大面积溃烂，然后结痂。水疱反复发作，毫无征兆地出现又消退。

史瓦西刚到野战医院时，医生们也是一头雾水，几天后才诊断出是寻常型天疱疮。没有人知道是什么引发了这种罕见的身体免疫系统攻击自己皮肤的疾病，这种疾病在犹太人中较为常见，尤其是来自东欧的德系犹太人。[7]他被告知，目前这种病还没有有效的治疗方法。

作为一名科学家，史瓦西很想知道他的真实病情。也许是为了不让他担心，医生们都闪烁其词，但很明显，他的病情可能危及其生命。毕竟皮肤是人体最大的器官，体温也是通过皮肤出汗来调节的，如果皮肤受损，体温将无法避免地过热。不仅如此，皮肤也是防止感染的屏障。如果这道屏障被突破，人体就会被各种外来微生物入侵。

史瓦西刚刚完成的那篇论文是他到东部前线炮兵连之后写的第二篇。史瓦西开始仔细检查计算过程，其中有错误吗？结果成立吗？没有人可以交流讨论。在过去的几周里，史瓦西体会到了牛顿那种“永远孤独地航行在陌生的思想海洋”的感受。[8]论文中使用的引力理论才刚刚问世，他知道自己即便不是最早见到并掌握该理论的人，也一定是最早之一，当然，除了天才的理论创建者本人。

o o o

阿尔伯特·爱因斯坦和史瓦西只在少数几个场合有过交集，两人的交流也仅限于寒暄。原因是柏林天文台在城外的波茨坦，而爱因斯坦的工作场所（恺撒–威廉物理研究所，Kaiser Wilhelm Institute）则在达勒姆郊区，离市中心更近。尽管和爱因斯坦接触得很少，但史瓦西满怀热情地接受了爱因斯坦的广义相对论，那可是爱因斯坦付出了10年的努力，才找到的与狭义相对论协调的引力理论。[9]

狭义相对论与牛顿的引力论之间是存在矛盾的。比如，爱因斯坦主张，没有什么速度能比光速（宇宙的速度极限）更快；而牛顿假定，不管在哪里，物体（例如太阳）的引力都可以被瞬间感知，这等于说引力是以无限的速度传播的。再比如爱因斯坦宣称所有形式的能量都是引力源，原因是所有形式的能量都具有有效质量（effective mass）；而牛顿却认为，只有质量才是引力源。①

光能具有有效质量是可观测的事实，爱因斯坦在找到与相对论相容的引力理论之前，就已经意识到了这一点。射向地球的星光在经过太阳附近时，传播的路径应该被太阳的引力所弯曲。1914年第一次世界大战爆发时，史瓦西的同事欧文·弗伦德里希（Erwin Freundlich）就曾和两名同伴前往克里米亚（Crimea），计划在8月21日的日全食期间观测星光的弯曲。[10]不幸的是，他们被俄国人以敌方侨民的身份投入了监狱。直到9月下旬，3个人才跟随第一批交换的战俘，一瘸一拐地返回了柏林。

爱因斯坦为寻找深奥的引力理论而进行的努力，最终以4篇论文的形式呈现了出来，也就是后来的广义相对论。1915年11月，论文提交给了普鲁士科学院。文中描绘了一个崭新的、难以想象的世界。

根据牛顿的说法，太阳和地球之间存在着一种“力”，就像一条无形的绳索将两个天体维系在一起，并将地球永久地捆绑在环绕太阳的轨道上。爱因斯坦则提出了另一种观点：实际上，像太阳这样的天体，巨大的质量使其周围的时空扭曲成山谷。[11]地球则像轮盘赌轮上滚动的珠子一样在山谷的斜坡上穿行。当时有人总结道：本质上，广义相对论就

① 或者，严格来讲，是质能。

是物质告诉时空如何弯曲，弯曲的时空告诉物质如何运动。不过经过了半个世纪之后，已经没有人再使用这样的说辞了。[12]

根据爱因斯坦的说法，引力就是弯曲的时空。然而，时空是四维的，作为三维生物的我们完全没有意识到时空的起伏。我们为了解释诸如地球围绕太阳之类的运动，才发明了那个“力”，并称之为引力。

爱因斯坦的论文在柏林发表后，几天之内就传到了东部前线的史瓦西手里。他立刻迷上了广义相对论。[13]这个优雅而又朝气蓬勃的理论，这个理论的美丽和它所体现出的胆识令史瓦西神往。但更重要的是，这能让史瓦西暂时忘却死亡、毁灭和枪炮的轰鸣。史瓦西在计算火炮弹道的繁忙中，还能抽出时间洞悉复杂的数学内涵，并深入思考广义相对论的因果关系，这真令人难以置信。

爱因斯坦曾用他的理论来解释离太阳最近的行星令人困惑的运动。像所有的其他行星一样，水星不仅受到太阳的引力作用，也受到太阳系其他行星的引力影响，导致其在椭圆轨道运行时自转轴绕某一中心的旋转，这种运动方式被称为进动。但是，即使考虑了其他行星的影响，仍有无法解释的问题，那就是水星近日点的异常进动。

太阳是太阳系中质量最大的天体，水星距离太阳最近，爱因斯坦意识到，这意味着在所有行星中，水星所在的地方，时空弯曲最为严重，这势必会对水星的运动产生影响。爱因斯坦用广义相对论预测水星的轨道，发现与天文学家观测到的实际数据相等。这是广义相对论的胜利。他的理论精确地解释了水星的异常进动。

然而，爱因斯坦的计算既不连贯，也不优雅。问题出在他的引力理论机制太复杂，使用了许多计算弯曲时空的数学方法，而这些方法是由一批数学家在19世纪发展起来的，其中最著名的有卡尔·弗里德里希·高斯（Carl Friedrich Gauss）和伯恩哈德·黎曼（Bernhard Riemann）。在牛顿的理论中，1个方程就足以描述引力，而爱因斯坦的理论则需要10个方程。[14]因此，要找到给定物质的时空形状，也就是找到爱因斯坦引力场方程的解，是很困难的。就连爱因斯坦自己也觉得这是不可能的。所以，在计算水星的反常运动时，他采用了近似的方法，估算了太阳周围的时空弯曲。

不过，史瓦西很熟悉计算弯曲空间的数学方法——黎曼几何。因此，他很想知道自己是否能比爱因斯坦做得更好。但在这炮火连天的轰鸣声中，他能找到像太阳这样的局域质量周围空间的确切曲率公式吗？

史瓦西从一些基本的假设开始做起。首先，假定太阳或者说任何其他恒星是完美的球形；其次，假定太阳周围的时空曲率不随时间而变化；最后，假定时空的曲率与方向无关，只取决于其与太阳的径向距离。值得注意的是，史瓦西的这些近似假设极大地简化了问题，使方程从原来的10个减少到1个。接下来，他又施展了一点数学魔法，奇迹般地找出了这个独立方程的唯一解。

史瓦西解决了不可能解的方程，他超越了爱因斯坦。并且，史瓦西发现的是一种精确的描述，而不是对围绕太阳周围的时空曲率的近似表达。这是迄今为止发现的第一个爱因斯坦引力理论的精确解。在接下来的几年里，物理学家们认识到，要想找到爱因斯坦方程的解太难了，于是物理学家们就用发现者的名字来命名这些解，以示敬意。因此史瓦西的名字以史瓦西解，或者更准确地说是施瓦氏度规（Schwarzschild metric）而流芳千古了。

利用这个精确解，史瓦西很快证实了爱因斯坦对水星异常进动的解释。“从这样一个抽象的想法出发，自然而然地计算出水星轨道的异常表现是一件相当奇妙的事情。”他写道。[15]

后来史瓦西把计算结果写成了论文，于1915年12月22日寄给爱因斯坦，并随附了一封信。在信的结尾，史瓦西写道："如你所见，尽管这里硝烟弥漫，但战争对我还是很友好的，允许我远离这一切，在你思想的土地上行走。"[16]到那时为止，史瓦西还没有意识到自己嘴里长出的水疱的严重性，很快，他就会因病离开部队，被送往野战医院。

o o o

收到东部前线的来信让爱因斯坦感到有点意外。尽管爱因斯坦意识到，这位年过40的柏林天文台台长在战争爆发时能自愿加入凯撒·威廉二世的军队是一件非同寻常的事，但信中能写些什么呢?

读信时，爱因斯坦惊讶地发现了用自己的理论进行的计算。他一边用手指沿着代数式往下移动，一边频频点头表示赞同。爱因斯坦的论文交给普鲁士科学院的事才过了1个月，然而史瓦西不仅掌握了他的理论，还将之推向了新的应用领域。这是广义相对论的第一个精确解，就连爱因斯坦自己都认为求解有点不太可能。

爱因斯坦立即回复史瓦西："我对你的论文很感兴趣。我没有料到，有人能以如此简洁的方法得出这个问题的解。我非常喜欢你对这个问题的数学处理方式。"[17]

爱因斯坦在回信中承诺，在下周四将这封信提交普鲁士科学院，并附上几句解释的话。爱因斯坦果然没有食言，他于1916年1月13日提交了史瓦西论文的概要。但是，躺在医院病床上的史瓦西并未停止对广义相对论的研究。对于理想球形天体外部的时空曲率，史瓦西已经找到了精确描述，那么此类天体内部呢?那正是第二篇论文的主题，现在史瓦西正在反复检查计算过程和结果，并打算寄给爱因斯坦。

这个主题吸引史瓦西好几天了，最重要的是，这使他忘却了痛苦。

他不顾一切，迷失在梦里。“史瓦西教授！”他记得有人试图摇醒他，“我们得给你换衣服，换床上用品了，你得出去走走……”

通过仔细研究那个奇迹般的解，史瓦西发现了不可思议的东西。如果天体被压缩到某个临界半径内，那么严重扭曲的时空就不再仅仅是一个山谷，[18]它会变成一个无底洞，任何东西，即使是光，都休想从中逃逸。这颗恒星将永远与宇宙隔绝，它看起来就像太空中的一个洞。史瓦西没有为这样一个严重扭曲的时空区域命名，但总有一天，“黑洞”这个词将会家喻户晓。

临界半径小得离谱，它的命名也像史瓦西的时空解那样，将以其发现者的名字命名。太阳的施瓦氏半径（Schwarzschild radius）只有1.47千米，地球的则只有5毫米。如果太阳和地球被挤压到那么小，就会瞬间不见，永远消失在人们的视野之中。

但是太阳的直径超过100万千米，如果临界半径只有1.47千米，就意味着要把它压缩到令人难以置信的密度。史瓦西的第一反应是：“（这是）非常奇怪的，也许只是数学的奇异性。”但史瓦西并没有就此罢手，[19]他写道：“历史告诉我们，数学解往往就是自然界中的现实，就好像数学和物理之间存在着某种预先建立的和谐。”史瓦西在去柏林工作之前，就曾在哥廷根大学（University of Gottingen）提出过这个想法，他承认自己是其“信徒”。也许，他的方程所描述的怪物确实存在。

史瓦西把这篇新论文连同信一起折叠起来，塞进信封封好，请一个经过的护理员帮他寄出去。

o o o

1916年2月13日，爱因斯坦向普鲁士科学院提交了史瓦西的黑洞解。3月的时候，病情恶化的史瓦西被转院到柏林，不幸的是，他在5月11日与世长辞，享年42岁。但他留下了一样东西，那就是他的爱因斯坦方程的黑洞解。

1971年冬，苏塞克斯郡赫斯特蒙塞

保罗·默丁结束与路易丝·韦伯斯特的讨论后，无法抑制肾上腺素的升高，在八角屋里不停地踱来踱去，从逻辑上仔细审核着那个惊人的结论。坐在办公桌前的韦伯斯特则一如既往地含蓄、沉稳，不为所动。

天鹅座X–1中的X射线来自从这颗蓝色超巨星上撕下的物质。就在这些物质落向黑洞的过程中，强烈的旋转引起了内部摩擦，将它们加热到极高的温度。如果这两位天文学家的结论没错的话，这将是一项真正重大的天文学发现。尽管如此，仍然很难相信这样疯狂的理论预测会成真。“令人惊奇的是，黑洞原来是真实的物体！”默丁说，“难以置信，真有黑洞！”

默丁希望太空中第一个黑洞的发现能让他在天文学界崭露头角，更重要的是，这会带给他一个终身职位。毕竟，养活年幼的孩子不是一件轻松的事。

默丁和韦伯斯特就他们的发现撰写了一篇500字的短文，打算投稿给《自然》杂志。但在申请投稿许可时，他们遭遇了意外的阻挠——皇家天文台台长理查德·伍利根本就不相信黑洞的存在，认为那只不过是某种“新时代”的魔术而已。“有次谈话中，他甚至直接质问我，为什么我确信天鹅座X–1中就是有‘黑匣子’。”默丁说。

伍利故意拖延论文发表，一定程度上是因为他是亚瑟·爱丁顿的学生，而爱丁顿并不相信黑洞的存在。除此之外，还有另一个原因，那就是直到最近，位于赫斯特蒙塞的皇家格林尼治天文台（Royal Greenwich Observatory，RGO）一直都是由皇家海军管理的。公众形象对海军来说极其重要，伍利担心，天文台写出这样的文章会招致人们的嘲讽和耻笑，影响海军的声誉。

但是，对于默丁和韦伯斯特来说，如果辛辛苦苦获得的观测结果不能发表，那就什么也不是。所有证据都表明，HDE 226868在围绕着看不见且质量巨大的物体运行，可以想到的唯一符合条件的物体就是黑洞。最后，在天文台其他资深成员的协调下，伍利做出了让步，允许默丁和韦伯斯特的论文发表。

此刻，默丁面临着许多风险，令他紧张不已。没有人能保证其他人不会看出HDE 226868是黑洞，并抢在他们之前发表论文。为了防止这种情况发生，默丁决定亲自把论文送到位于伦敦市中心的《自然》杂志办公室，并确保论文上面盖上了接收日期的章。然而，就在默丁开车去黑斯廷斯车站赶火车时，从车上的收音机里隐隐约约听到一则新闻，似乎是和恒星高能事件有关。他立刻臆想："哦，完了，别人也发现了！已经有人捷足先登了！"

在伦敦的一整天，默丁都处于忧心忡忡、惴惴不安的状态。直到那天晚上，他返回黑斯廷斯车站时听到了那条新闻的再次播报。让他感到莫大宽慰的是，所谓的高能事件只不过是火星上发生的一场风暴而已，原来只是一场虚惊。

论文于1972年1月7日发表在《自然》杂志上。[20]默丁得到了终身职位，并且他们家也搬进了更大的房子。说起来，默丁是历史上第一个用黑洞支付房屋贷款的人。[21]

论文发表的那天，默丁和妻子莱斯利（Lesley）带着两个孩子来到黑斯廷斯的一家海滨咖啡馆吃宝彩圣代。当3岁和7岁的两个男孩将长勺子挖入冰激凌、水果和水果糖浆中时，不难猜测孩子们在想什么。“我知道，他们希望爸爸发现更多的黑洞。”默丁说。[22]

很难想象，黑洞发现者的世界与56年前在医院病床上预测了黑洞存在的那位“魔术师”的世界，反差有多么巨大。

o o o

当默丁和韦伯斯特首次在天鹅座X–1中发现黑洞时，此类天体的理论研究已经从史瓦西的精确解转向了爱因斯坦的引力理论。[23]爱因斯坦从来不相信黑洞的存在，大多数仔细研究过这个精确解的人都同意爱因斯坦的观点，不会像史瓦西所说的那样——任何东西，就连光都不可能从中逃逸的天体——能够存在，这奇怪得简直无法用语言来描绘。他们推断，当一颗大质量恒星在其生命末期收缩时，一定会有某种未知的力量介入，阻止这种怪物的形成。这种力似乎可以由诞生于20世纪20年代的革命性理论来提供，该理论对原子及其组成进行了革命性的新描述。

量子理论指出，构成世界的基本要素原子、电子和光子等具有一种怪诞的“双重”性。[24]这些粒子既可以表现出粒子性，就像微小的台球；又可以表现出波动性，就像池塘里的涟漪。因为这样的量子波具有广延性，所以它们占据了大量的空间，多个量子波相关的粒子很难一起挤进很小的体积。或者，换一种说法，如果企图压缩量子波相关的粒子，就会遭到强烈的抵抗。

粒子越小，量子波反而越大，我们熟知的电子正是拥有最大量子波的最小粒子。当恒星物质被压缩进较小体积时，原子内部轨道上运行的电子就会抗拒压缩。人们一般认为，这种简并压力（degeneracy pressure）就是阻止恒星坍缩成黑洞的力。但1930年，一名从印度乘船到英国学习物理的19岁学生苏布拉马尼扬·钱德拉塞卡（Subrahmanyan Chandrasekhar）发现，爱因斯坦的狭义相对论改变了一切。钱德拉塞卡想象：从粒子的角度出发，当一群电子被压缩后，运动速度会比压缩前要快得多，就像一群躁动的蜜蜂一样四处乱窜，因而抵抗会更强烈。但是，依据爱因斯坦的狭义相对论，没有任何物体的速度能超过光速，所以电子的运动速度和抵抗压缩的力量都是有限的。如果一颗濒死的恒星的质量达不到太阳的1.4倍，那么电子简并压力确实可以抵抗引力的压缩，从而形成高度致密的白矮星。然而，对于超过钱德拉塞卡极限（Chandrasekhar limit）的恒星来说，情况就不同了。这种恒星的引力强大到足以克服电子的抵抗力，此时没有任何东西可以阻止其迅速坍缩成黑洞。

1932年，詹姆斯·查德威克发现了中子，为黑洞的故事添加了更曲折的情节。中子和质子一起构成了原子的中心原子核，电子绕原子核旋转，就像行星绕太阳旋转一样。如果一颗恒星被压缩进足够小的体积，电子就会被挤压进质子里，从而形成致密的中子球。这种中子星的中子像电子一样，也有与之相关的量子波，并且能抵抗挤压。但是，像电子一样，中子运动的速度和抵抗压缩的力也是有限的。与电子相比，这种效应的计算更复杂，因为它涉及的强核力很难建模。但是，质量是太阳3倍的恒星，引力强大到能够战胜中子的抵抗力，因而也就没有什么能够阻止黑洞的形成了。黑洞的形成不可避免，黑洞给物理学带来的问题也就不可避免了。

之所以把黑洞看成怪物，主要是因为其内部包含一个奇点（singularity）。当恒星无法抵御引力坍缩而形成黑洞时，最终会被挤压成密度无穷大、体积无限小的点。这种奇点标志着空间和时间的崩塌——实际上是物理学本身的崩塌。

“黑洞是非常奇特的物体，”加州大学洛杉矶分校的安德里亚·格兹（Andrea Ghez）说，“严格地讲，黑洞将大量的质量聚集在零体积的中心之内。所以，了解黑洞的中心是没有意义的，但对物理学家来说，这却是个重大的线索，说明现有的物理学还不够完备。”[25]

美国物理学家约翰·惠勒（John Wheeler）更具诗意地说：“黑洞教导我们，空间可以像纸片一样被揉搓进无限小的点；时间可以像吹灭烛火那样被轻易熄灭；那些‘神圣’的、一成不变的物理学定律其实根本就不是那么回事。”[26]

难怪爱因斯坦拒不承认自己的引力理论预测了这种怪兽的存在，因为这里面还包含了自我毁灭的种子。要了解黑洞中心的时间和空间究竟是什么样的，就必须找到更深层次的、没有奇异性的引力理论。就像牛顿的引力理论是爱因斯坦理论的特例一样，爱因斯坦的引力理论被认为是这种更深层次理论的特例。

黑洞的奇点被视界包围着，这个假想的视界薄膜标志着下落的光和物质的不可逆转点，但这不仅是个无法抗拒的边界。1974年，英国物理学家斯蒂芬·霍金（Stephen Hawking）发现了黑洞视界的一些非凡之处。

想理解霍金的发现，就有必要先了解量子理论关于真空的描述。真空并非空无一物，而是充斥着能量。其中亚原子粒子及其反粒子按照海森堡不确定性原理（Heisenberg Uncertainty Principle）不断成对出现。只要这些粒子相遇并很快相互毁灭或称湮灭，大自然就对这些粒子视而不见，根本不关心创造粒子的能量来自何方。这有点像十几岁的孩子偷偷开走父亲的车在外面过夜，只要在父亲发现之前把车开回车库就没问题一样。

但霍金意识到，在黑洞的视界附近发生了非常有趣的事情。新产生的1对粒子中的1个可能穿过视界，落入黑洞。剩下的粒子失去了湮灭的伙伴，和无数有相同遭遇的粒子一起逃离黑洞。因此，与预期完全相反，黑洞并不黑，还会发射粒子——也就是霍金辐射（Hawking radiation）。

霍金早前发现，当黑洞合并（merger）时，合并黑洞的视界面积总是大于前两个黑洞的面积之和。以色列物理学家雅各布·贝肯斯坦（Jacob Bekenstein）推测，黑洞的表面积代表了黑洞的熵（entropy）。熵是关于热和运动的理论，也就是热力学中的一个属性，支撑着物理、化学和许多其他领域，并且熵总是在增加的。但熵只适用于热体，怎么与黑洞有关系呢?

霍金找到了为什么热力学适用于黑洞的答案：黑洞是热的。证据就是黑洞会发热，即发射霍金辐射。此发现的意义在于，在黑洞的视界上，三大物理学理论相遇了——爱因斯坦的引力理论、量子理论和热力学。这是统一这三大理论的道路上迈出的试探性的第一步，引力理论、量子理论和热力学的统一绝对是物理学的圣杯。

然而，霍金辐射引发了一个严重的问题，下面让我们来看看哪里出了问题。根据黑洞的特性，我们知道粒子不可能来自黑洞内部，因为没有任何东西可以逃脱视界内部的引力。那么，粒子就产生在视界之外。创造这些粒子的能量必定来自某处，或许就来自黑洞本身的引力能。伴随着霍金辐射，引力能不断减小，导致黑洞逐渐缩小。恒星大小的黑洞的霍金辐射极其微弱。但随着黑洞逐渐变小，辐射会变得越来越强烈。直到最后，黑洞在耀眼的闪光中发生爆炸。鉴于这种蒸发（evaporation）所需的时间比宇宙当前的年龄长得多，探究其蒸发似乎没什么意义，但并非没有意义。信息不能被摧毁是物理学的基石。要完整地描述最初坍缩形成黑洞的恒星，就需要记录构成它的大量亚原子粒子的类型和位置。但是，一旦黑洞蒸发了，就什么都没有了。所以，最终的问题是：信息去哪里了？

目前的推测是，黑洞的视界并不像爱因斯坦的引力理论所说的那样平滑、毫无特征，相反，其在微观尺度上表现得粗糙、不规则，正是这些斑块和凹凸不平储存了产生黑洞的恒星的信息。由于霍金辐射恰好发生在黑洞视界上的真空中，理所当然地受到了那层薄膜的微观起伏的影响。这些起伏对辐射进行调制，就像无线电台流行音乐节目的载波一样。通过这种方式，前恒星的信息被不可磨灭地烙印在霍金辐射上，并传送到了宇宙中。信息并未丢失，最珍贵的物理定律之一还完好无损。

自从默丁和韦伯斯特于1971年在天鹅座X–1上发现第一个黑洞以来，又发现了一些疑似黑洞，总数不到25个。其实，早在10年前的1963年，人们就发现了一种不同类型的黑洞。

由荷兰裔美国天文学家马丁·施密特（Maarten Schmidt）发现的类星体是一种新生星系的超亮星系核。类星体体积比太阳系还小，但可释放出相当于整个星系所有恒星100倍的能量。这种超强光度唯一可能的能量来源是落入黑洞的被加热到白炽状态的物质。这些物质如同池子中的水流向放水孔那样，在落入黑洞时快速旋转被加热。但类星体并不是恒星级黑洞，它质量巨大，高达太阳质量的500亿倍。

起初，人们认为超大质量的黑洞只出现在活动星系中，在这些占不规则星系总数1%的星系中，类星体是最引人注目的。但是，在20世纪90年代，天文学家利用美国国家航空航天局在地球轨道上的哈勃太空望远镜（Hubble Space Telescope）发现，几乎每个星系的中心都潜伏着一个超大质量黑洞。银河系中心的那颗叫作人马座A*（Sagittarius A*），个头儿比较小，质量只有太阳的430万倍。至于为什么每个星系中都有一个超大质量黑洞，仍然是宇宙学中最大的未解之谜之一。

尽管有观测证据表明黑洞的存在，但都是间接的证据。天文学家观察到，恒星或热气体在看不见的致密天体周围以极快的速度旋转，由此推断出黑洞的存在。但总有这样一种可能：它们不是黑洞，而是某种人们做梦也想不到的、由某种迄今未知的力支配着的超致密天体。

关于黑洞存在的决定性证据出现在2015年9月14日。引力波，即爱因斯坦在1916年预测的时空中的涟漪，首次在地球上被探测到了。关键在于，探测到的波形正是爱因斯坦引力理论预测的两个黑洞合并的波形。

毫无疑问，黑洞是存在的。与此同时，对太空中引力波的探索还在继续充实着人们对黑洞的认知。天文学家面临的问题是，银河系中恒星质量大小的（stellar-mass）黑洞都很小，而且是黑的；超大质量黑洞虽然很大，但远在宇宙深处，所以也显得很小。然而，有两个黑洞相对较大，也离我们相对较近。一个是人马座A*，在26 000光年之外的银河系中心；另一个比人马座A*大1000倍左右，在附近的一个叫M87的星系中。

在过去的几年里，天文学家们一直试图用射电望远镜阵列获取这两个超大质量黑洞的事件视界（event horizon）的图像。这些由散布在全球各地、联合操作的射电望远镜构成的阵列，叫做事件视界望远镜（Event Horizon Telescope，EHT），收集各地的信号可以模拟一个天线口径相当于地球直径的巨型射电望远镜。而天线口径越大，接收的射电信号波长越短，展现出的天体的细节就越清晰，EHT就可接受波长仅1.3毫米的信号。最终，遍布全球各地的射电望远镜接收到的信号都汇聚到马萨诸塞州的海斯塔克天文台（Haystack Observatory），在那里通过计算机合成最终结果。

人们希望EHT能够验证霍金最近提出的又一个有争议的论断。1974年，霍金声称黑洞并不黑，还会发出霍金辐射，就震惊了整个物理学界。2014年，霍金又声称视界不存在，从严格意义上讲，这意味着黑洞也不存在，再一次震惊了物理学界。

天体的坍缩就像恒星形成黑洞那样，都是极度无序的。霍金认为，所形成的与其说是视界，不如说是汹涌的时空湍流（extreme space–time turbulence）的边界。信息可以通过这样的表观视界（apparent horizon）泄露出去。霍金的推论颇具戏剧性："如果黑洞的定义是光永远无法从其中逃出的话，视界的缺失意味着黑洞并不存在，"他写道，"然而，有些视边界会持续存在一段时间。"换句话说，黑洞并不是我们所想象的那样。

那么，黑洞周围的视界到底是所有人认为的不归点，还是像霍金所坚称的那样，是可以泄露信息的视边界呢？关键是要观察视界，看看它的行为是否像爱因斯坦预测的那样，或者干脆看看它是否存在。EHT研究小组的组长、麻省理工学院的谢普·多尔曼（Shep Doeleman）说："黑洞边界的图像能够测试广义相对论。以前从未拍摄过那里的图像，获得这个图像将标志着我们对黑洞和引力的理解会出现转折点。"

现在，这一转折点已经到来。2019年4月10日，EHT研究小组公布了第一张黑洞的图片。[27]这张图像不是来自人马座A*，而是来自重达70亿倍太阳质量的M87（因为人马座A*比较小，在观测的过程中不断被环绕的物质所干扰，形成的图像较为模糊）。在强烈的射电波背光的映衬下，事件视界显示为暗色的"阴影"。这些射电波是物质旋转着通过吸积盘落向黑洞时被加热至白炽状态而发出的。

"黑洞是宇宙永久隐藏的一部分，"来自位于图森市（Tucson）亚利桑那大学（the University of Arizona）的EHT物理学家费娅尔·厄泽尔（Feryal Ozel）说，"是一个我们的物理学，至少是目前的物理学还无法企及的地方。"她的荷兰同事奈梅亨市（Nijmegen）拉德布德大学（Radboud University）的海诺·法尔克（Heino Falcke）更生动地指出："我们已经看到了时间和空间尽头的地狱之门。"

第 8 章

微物之神——希格斯玻色子

如果没有希格斯玻色子，你体内的夸克和电子将是无质量的。这意味着这些粒子将以光的速度运动，从而不会停留在原子中，那么一切物质都会分崩离析。没有希格斯场，你和我、恒星和星系都不会存在。

希格斯玻色子的发现就像海王星和宇宙微波背景辐射的发现一样，最初是用铅笔、用数学方程预测出来的。

——马克斯·泰格马克[1]（Max Tegmark）

老虎！老虎！黑夜的森林中

燃烧着的煌煌的火光，

是怎样的神手或天眼

造出了你这样威武堂堂?

——威廉·布莱克[2]（William Blake）

2012年7月4日，伦敦卫理公会中心大厅

乔恩·巴特沃斯（Jon Butterworth）很恼火，因为这一天本应是他45年人生中最值得纪念的一天，但他却被困在了伦敦。巴特沃斯本想去瑞士，那里才是主会场，因而他不愿意留在伦敦。火上浇油的是，在伦敦威斯敏斯特卫理公会中心大厅后台的巨型屏幕上，巴特沃斯竟然看到了自己更想去的那个地方，这让他更加郁闷。

直到巴特沃斯在物理学家、同事吉姆·威迪（Jim Virdee）和英国科学技术设施委员会（Science and Technology Facilities Council）的首席执行官约翰·沃姆斯利（John Womersley）身旁坐下，并扫视了一下观众后，情绪才有所好转。他发现，数百名记者、物理学家和政治家，包括科学大臣戴维·威利茨（David Willetts）在内，都在这个拥有百年历史的会议大厅里聚集一堂，激动和期待之情溢于言表。显然，公众和政界人士似乎都对他和其他数千名物理学家在过去10年的大部分时间里所做的事情很着迷，这让巴特沃斯感到惊喜。这里离英国议会大厦仅一步之遥。

巴特沃斯和威迪出席的是伦敦的新闻发布会，而不是瑞士的，因为

他俩分别是超环面仪器（A Toroidal LHC Apparatu S，ATLAS）和紧凑渺子线圈（Compact Muon Solenoid，CMS）在英国的负责人。这两台庞大的设备是位于日内瓦附近的欧洲核子研究中心（CERN）大型强子对撞机的5个“眼睛”探测器中的2个。ATLAS和CMS位于2束反向旋转的超高能质子束发生撞击的地方。2台设备都是由围绕在碰撞点周围、像洋葱那样的多层探测器组成的，用来测量能量、电荷以及无数飞散出来的亚原子弹片的飞散方向。

有来自38个国家的3000名物理学家为ATLAS工作，有来自41个国家的4300名物理学家为CMS工作。CMS相当巨大，重量堪比埃菲尔铁塔。ATLAS和CMS实验团队一起协作寻找两种截然不同的碰撞事件，它们都是假想中的那种亚原子粒子存在的确凿证据。这种亚原子粒子是一种完全陌生的粒子，一种用来理解宇宙运作方式关键的粒子，一种早在40年前就已经有人预测存在的粒子……

1964年8月，爱丁堡

彼得·希格斯（Peter Higgs）很恼火，《物理快报》（*Physics Letters*）的编辑拒绝了他的论文。这是他3周内写的第二篇论文，论述的是自然界的载力粒子（force-carrying particles）是如何获得质量的。从希格斯办公室的窗户向外望去，这座城市在8月的阳光下熠熠生辉。唯一能减轻希格斯烦恼的是，他又回到了自己心爱的爱丁堡，不用再忍受西部高地的痛苦。对于他来说，这是巨大的解脱。

露营之旅已经是1周以前的事了，但它在希格斯的脑海里仍挥之不去，就像一场一直持续到了白天的噩梦。不久前，一位朋友向希格斯提起，她在一篇文章中读到过有个地方的降雨量是苏格兰最少的。于是，希格斯和结婚一年的美国妻子乔迪（Jody）挑了个合适的时间赶到了那里。他和乔迪是在核裁军运动中相识的。不幸的是，当夫妻俩到达的时候，那里居然正在下倾盆大雨！并且二人在搭建帐篷的时候，还把借来的帐篷弄坏了。无奈，浑身湿透、狼狈不堪的夫妻俩只好躲在附近的河床上吃早餐。更糟糕的是，当他们提前返回爱丁堡时，那位朋友承认她误读了那篇文章，她推荐的那个地方不仅不是雨量最少的，反而是苏格兰雨量最多的地方。[3]

这次野营之旅在希格斯和他妻子的心目中就像一段神话，作为“史上最糟糕假期”逸事之一，在和朋友们喝酒时讲述准能逗笑他们。但对希格斯来说，恶劣的天气只是这次旅行如此糟糕的原因之一，更重要的是，一个困扰了他几年的问题濒临突破，而他却不得不去旅行。

在7月24日完成的第一篇论文中，希格斯提出了一个关于自然界基本力的很有前途的理论。论文大约只有1000字，投给了《物理快报》。尽管大家都认为这个理论存在致命的缺陷，但实际上并非如此。[4]希格斯是在周末获得的灵感，在周一写的这篇论文。希格斯说，这是他的第一个创意，也是他仅有的创意（他是个谦虚的人）。[5]

这篇论文以悬疑小说的方式结尾，并给读者抛下诱人的承诺：未完待续。但紧接着，希格斯就去高地旅行了。然而，他的心思并没有放在旅行上，显然，这无助于增进他和妻子的夫妻关系。好在，他终于回到了爱丁堡——温暖、干燥，安安静静，可以全神贯注地工作了。希格斯写得很快，7月31日便向《物理快报》提交了第二篇论文。

当得知论文被拒时，希格斯感觉很不是滋味。假装这件事从未发生过是没有意义的。该杂志的编辑雅克·普伦特基（Jacques Prentki）

在回信中建议希格斯在此理论上做更多的研究。但问题是，要再做些什么呢？

o o o

希格斯的两篇论文酝酿已久。他痴迷于量子场论，这个理论把20世纪物理学的两大成就融合成一个连贯的整体。这两大成就，一个是爱因斯坦的狭义相对论，描述了物体以接近光速运动时空间和时间的变化；另一个是量子理论，描述了原子的亚微观世界及其构成。为实现这两大理论的统一而迈出第一步的物理学家是保罗·狄拉克，他的大名多次出现在科瑟姆学校（Cotham School）荣誉校友的名单上。希格斯在布里斯托尔大学上学时，就经常在晨会上听到这个名字，因而对狄拉克很好奇。正是好奇心让他发现了这位伟人所做的研究，引领他进入了量子场论。

最终构成世界的正是量子场。[6]物质是由原子组成的，原子是由原子核和电子组成的，原子核是由质子和中子组成的，质子和中子是由夸克组成的（尽管在1964年，夸克还是一个非常新的概念），而夸克和电子则是由场组成的。据我们所知，量子场是大自然的最底层构造。

简单来说，场就是时空中每一个点都有值的东西。这个值可以是纯数，比如温度；也可以是与方向相关的值，比如风速；抑或是一些更复杂东西的组合。每个基本粒子都有与之相关联的场，比如电子场、光子场、上夸克场等等。这样的场之所以会颤动，是因为量子本质上就是不安分的。如果一个特定的场被充分颤动（jiggle）的话，换句话说，假如有足够多的能量注入这个场，产生的扰动就会通过这个场传播，这就是粒子。比较形象的比喻是，通过麦田传播的风的扰动。电子场中的扰动就是电子，电磁场中的扰动就是光子，依此类推。不同之处在于，一个量子场的扰动不能任意产生，只能以特定的离散频率或能量产生。这种取值的离散化被称为量化。

通过这种方式，量子场论统一了20世纪初发现的亚原子世界的两个令人困惑且看似相互排斥的特性：原子及其组成部分同时表现出粒子和波的能力。

让希格斯和其他许多人印象深刻的是，电子的量子场理论最显著的特点之一就是可以从中极简单地演绎出电磁力——正如麦克斯韦1862年描述的那样。关键是对称性（symmetry），一种对实体进行某种操作时能够保持不变的属性。例如，圆形物体具有旋转对称性，因为围绕其中心旋转时，这种对称性保持不变；而方形物体只有连续旋转1/4圈或几个1/4圈时，才能保持不变。

艾米·诺特（Emmy Noether），德国数学家，被爱因斯坦称为“数学史上最重要的女人”。1918年，她证明了与对称性有关的一个重要定理，那就是只要存在对称性，就会存在相应的守恒定律。这一定律规定了特定的物理量既不能被创造，也不能被消灭。例如，无论实验是今天进行，还是下周进行，对实验结果都没有影响，这就是所谓的时间平移对称——对应于能量守恒定律，也就是能量既不能被创造，也不能被消灭。诺特定理（Noether's Theorem）对电子的量子场论也有着深刻的影响，因为它允许在不改变任何可观测结果的情况下变换方程。

电子用波函数来描述。根据狄拉克方程，波函数遍布空间各处，在任何位置找到电子的概率由波在该点所处高度的平方给出（或者严格地说，是振幅的平方，即距离0标高的最大偏移量）。波函数中有个相位描述了波动开始的位置。事实证明，同时改变波函数上每一点的相位值，或者用术语来讲，将波函数乘以一个相位因子，仅会移动波函数波峰和波谷的位置，而不会改变任何可观测结果，比如在任何特定位置发现电子的概率。根据诺特定理，这种对称性的存在必然有与之相对应的守恒定律。的确如此，这与电荷守恒定律相对应，也就是电荷不能被创造或消灭。

诺特定理适用于各处同时发生、没有可观测变化的结果，但这种整体对称只是可能存在的对称性中的一种。还有一种限制更强的对称性，在这种对称性中，波函数各处相位值的变化并不一致，而是随时间和空间的不同而不同。期望这样的变化不带来可观测的改变，并且电子波函数能表达这种局域对称性，听起来似乎有些荒谬，但其实并不荒谬。

想象1个台球沿直线穿过台球桌。[7]无论把台球桌垂直抬高1米，还是10米，都不会改变台球的运动轨迹，这是由牛顿运动定律所支配的。但这里隐含的假设是：台球桌的所有部分都可以同时抬升。像庭园桌那样的普通桌子当然是这样的，但假想一个宇宙尺度的台球桌，比如有10光年那么宽，那就不可能同时改变桌子的所有部分。因为根据爱因斯坦的理论，没有任何东西的运动速度可以超过光速，那么远处的位置对桌子高度变化的反应要晚于近处。事实上，10年之内，桌子的远端不可能“注意到”近端的变化。一般来说，如果试图改变台球桌的高度，桌面各处的高度是由近及远逐渐变化的，导致在不同位置、不同时间，台球桌面的高度都不相同。这是最合乎爱因斯坦宇宙的解释。

这就是问题的关键。我们仍然可以希望物理定律在任何地方都一样，这样，台球就可以继续遵循牛顿运动定律的要求沿直线轨迹运动。但是，由于台球桌的表面不再平坦，因此只有每个台球在每个位置都受到某种力以精确补偿不平坦的表面时，台球才会沿直线轨迹运动。

桌子的高度是物理学家所称规范（gauge，或译为量规）的一个简单例子。“规范”这个术语是德国物理学家赫尔曼·韦尔（Hermann Weyl）

在1929年发明的。当规范从一个地方到另一个地方、从一个时间到另一个时间不断变化时，保持物理定律不变的观点被称为局域规范不变性（local gauge invariance）。如台球桌的例子所示，保持局部的规范不变性需要存在补偿力。这就是关键。

以电子为例，保持规范不变性意味着坚持从一个位置到另一个位置、从一段时间到另一段时间，不断地改变电子波函数的相位应该不产生可观测的结果。电子波函数的相位显然是一个比台球桌高度更抽象的数学问题，但就像台球桌例子中那样，维持规范不变性需要补偿力的存在。值得注意的是，这个力原来就是麦克斯韦在19世纪描述的电磁力。

因此，电磁力产生的一系列令人眼花缭乱的现象只不过是局域规范不变性不可避免的结果。从根本上讲，电磁场之所以存在，是因为电荷在空间和时间中重新排列时，这种信息会传递到其他位置，这样就可以保持局域规范不变性。这条新信息是由电磁场携带的，而电磁场是由光子，即电磁场中的扰动组成的。

值得注意的是，即使对电、磁和光子一无所知，但如果知道规范原理后，为了强制电子波函数服从局域规范不变性，我们也能推断出所有这些东西的存在。这一非凡的原理是朱利安·施温格（Julian Schwinger）在20世纪50年代发现的，他是量子电动力学，或者说是电磁力的量子理论的先驱之一。规范原理如此引人注目，人们很自然地推测，这个原理可能是普适的原则。难道服从局域规范不变性不仅是电磁力，而且是所有自然基本力存在的原因吗?

除了电磁力，将自然界基本粒子维系在一起的还有其他三种基本力，我们最熟悉的就是爱因斯坦广义相对论描述的引力。就像电磁学一样，该理论以对称原理为基础：揭示引力，即时空的曲率，如何依赖能量分布的方程使其对每个人来说都有相同的数学形式——无论他们怎样运动或处于什么坐标系中。甚至爱因斯坦早期的狭义相对论也来自对光速不变性的坚持，即光的速度对于所有以恒定速度相对运动的观察者来说都是相同的。事实上，爱因斯坦是第一个认识到对称性在支撑自然基本定律中重要性的人。意大利物理学家吉安·弗朗西斯科·朱迪斯（Gian Francesco Giudice）说："就像画家渴望在调色板上使用最绚丽的色彩一样，大自然似乎乐于利用一切可能的对称性来表达她的基本法则。"[8]

但是，除了引力之外，由于各种原因，还有另外两种基本力没有人知道如何用量子场论来表述。那就是强核力（strong nuclear force）和弱核力（weak nuclear force），这两种力都只在极小的原子核范围内起作用。

第一个认真思考规范原理不仅是理解电磁力的关键，也是理解强核力和弱核力的关键的人是华裔物理学家杨振宁。马塞尔·普鲁斯特（Marcel Proust）写道："真正的探索之旅不在于发现新的风景，而在于拥有新的视角。"20世纪50年代，杨振宁和美国物理学家罗伯特·米尔斯（Robert Mills）合作，以全新的视角观察世界，写下了一个量子场必须遵守的方程，以强制波函数具有更普适的局域规范对称性（local gauge symmetry）。

杨–米尔斯方程（Yang-Mills equation）揭示了电磁场是可能存在的最简单的规范场。这个场不仅由单一的规范粒子传递，而且这个粒子（光子）不带电荷。由于粒子与电磁场相互作用要有电荷，因此光子不受电磁力的影响。

然而，在杨–米尔斯方程允许存在的更复杂的规范场中，载力子①确实携带电荷。这些类似电荷的东西同样既不能被创造，也不能被消

① 使物体运动的粒子。

灭，导致载力子受规范场影响。例如，在强力的情况下，这类粒子不仅与场相互作用，而且以难以预测的复杂方式彼此相互作用。这在早期阻碍了物理学家们发现强核力是局域规范不变性的结果，他们错误地认为，强核力主要在质子和中子之间起作用。直到20世纪60年代末，人们才清楚地认识到，质子和中子是复合粒子，而它们的组成部分夸克才是强核力结合的对象。

但是那些秉持基本力是局域规范不变性结果观点的人面临着更大的障碍。20世纪30年代，保罗·狄拉克的电子的量子场论一直被发散的方程式和荒谬的预测困扰。尽管有可能通过数学技巧消除这种无穷大，但问题是，这种重整化（renormalisation）只有在载力子没有质量的情况下才有效。在电磁场中，虽然规范粒子就是光子，但对于强核力和弱核力却似乎并非如此，这也暗示了这两种力是短程力。

在量子图景中，力被看作由一种亚微观的网球运动引起的现象。粒子与粒子之间相互传递载力子，导致粒子相互反冲。尽管这幅图景大体上描述了量子力，但就像许多其他科学类比一样，描述并不完全符合事实。因为这其中只解释了斥力的起源，但没有涉及吸引力。

这是因为控制亚微观世界的定律不同于控制宏观日常世界的定律，诸如光子之类携带力的粒子具有一种非常特殊的品性。如前所述，物理学的基石之一是能量既不能被创造，也不能被消灭，只能从一种形式转化为另一种形式。然而，在量子世界里，却有奇异的一面。能量可以凭空产生，严格地说，能量可以从真空里变出来，只要能迅速还回去，大自然就会默许这种情况的发生。

1905年，爱因斯坦发现质量是能量的一种形式——有可能是能量存在的最集中的形式，所以从真空中凭空出现的能量可以变成亚原子粒子的质能。这样的粒子，由于其短暂的存在，而被称为虚粒子

（virtual particle），以区别于真实粒子。事实证明，从真空中借来的能量越多，还回去的速度就必须越快。因此，虚粒子的质量越大，存在的时间就越短暂，在消失回真空之前所能走的距离也就越短。

因为光子没有静止质量，只要很少的能量就能产生，所以需要归还的能量也很少。这意味着光子可以存在很长一段时间，能到达宇宙最远的角落。这就是为什么电磁力的作用范围不受限制。无论如何，以下叙述是关键：力的作用范围与其载力子的质量之间的密切联系表明，由于超短的作用范围，强核力和弱核力是由大质量的载力子来传递的（这个逻辑对于强核力来说是错误的，正如不久后将要谈到的那样，大自然找到了另一种减小强核力作用范围的方法）。

问题在于，唯一不受灾难性发散影响的量子场论是局域规范理论，荷兰物理学家杰拉德·特·胡夫特于1971年在某种程度上证明了这一点。但是仅当规范粒子没有质量时，这一不发散的特点才存在，一旦引入有质量载力子，就立即失效了。这也是量子场论在20世纪60年代初期不受欢迎的原因之一。

截至1964年7月，希格斯已经思考了好几年如何使局域规范理论在保持所有优点的同时，又纳入有质量载力粒子。他在想，要是载力子原本就是没有质量的，但通过某种外部过程得到了质量，结果会怎样呢?这是否可以既纳入有质量粒子，同时又不破坏可重整化的局域规范理论呢?希格斯想象，空间中充满了一种未知的不可见场——希格斯场，这种场就像游泳池里的水一样能阻碍其中粒子的运动。

乍一看，游泳池的想法与我们的实际经验完美契合。质量大的物体，比如冰箱，很难移动，因为质量抗拒运动状态的改变。这可能真是因为有一种看不见的媒介在起阻碍作用。可是，这个类比并不完美——这是自然界的一种基本特征，也是爱因斯坦狭义相对论的基石，正是不可能用实验的方法来区分物体到底是静止的还是均速运动的。设想有两个人在火车上玩抛接球游戏。假定火车没有振动，车窗也被遮挡起来，看不到外边，那么两个人的游戏就好像是站在轨道旁边的地面上玩一样。他们无法通过球的运动来判断自己是否在运动。

然而，如果充满整个空间的希格斯场真的像游泳池里的水一样，那么就有可能分辨出物体是在场中穿行，还是静止的，这与相对论相矛盾。反倒是在希格斯场中，宇宙所有物体都必须保持静止，不管其运动如何。[①] 这种性质用术语表述，就是洛伦兹不变量（Lorentz invariant）只适用于标量场（scalar field）。就像温度和台球桌的高度一样，在这些标量场空间的每个点上都可用简单的数字表示。

容易让人误解的是，希格斯场会阻碍粒子运动，即使粒子相对于希格斯场始终是静止的。因此，更准确的说法是，场只是与粒子相互作用。正是这种相互作用，使得本质上无质量的粒子具有质量，其精确质量取决于每个粒子与场相互作用的强度。

能量在空间中处处非零的场是全新的东西。没有质量，就没有引力场；没有电荷，就没有电磁场，但希格斯想象出另一个存在于真空空间、没有来源的场。场里到处都有同样的能量，正是这种不变性解释了为什么这个场以前从未被注意到：我们沉浸其间，就像我们沉浸在可以

① 不管物体的运动速度如何，每个人看到的怎么可能都是一样的呢？想象一下彩虹，已知颜色是光波相邻的两个峰值之间距离的量度，有些光波的波长比可见光短，有些比可见光长。按照惯常说法，彩虹有7种颜色。可以用从1到7的数字对这些颜色进行编号，1表示最长的波长，7表示最短的波长。事实证明，“颜色”的数量是无限的，可以把它们标记为“-∞”到“+∞”。现在想象它们都存在于空间中。如果你以恒定的速度相对它们飞行，则所有的波看起来都会出现压缩，或“多普勒频移”，所以1会变成2，2会变成3，依此类推。然而，以这种方式移动所有颜色，其结果仍然是一组从负无限跨越到正无限的颜色。因此，不可能用来说明你正在相对于光移动。从某种意义上说，所有颜色的确都存在于空间中。因为根据量子理论，电磁场的每个振动“模式”都必须包含最小的能量。这适用于电磁场的原理，也适用于所有的场，包括希格斯场。

呼吸的空气里一样。

只要有机会，一切都会将其势能降到最低。例如，球会自动滚到山脚下，那里的重力势能最低。人们一直认为真空处于宇宙中能量最低的状态，就像滚到山脚下的球那样，宇宙终将终结于真空。但希格斯认为，这是错误的，宇宙的最低能量状态实际上是充满希格斯场的真空，其中能量处处都是非零的。

但是，为了赋予载力子以质量，而随意地把一个填满所有空间的场引入理论中，就像手工给载力子插入质量一样，是单方面的一厢情愿。这种做法必然破坏局域规范不变性，而局域规范不变性是理论不发散的基本要求。希格斯需要的是一种方法，能更自然地表述他的场，而且他已经知道怎么去做了。

一方面，所有载力子均无质量的规范理论是优雅且对称的，毕竟，这个理论中所有粒子的质量是完全相同的；另一方面，一个载力粒子有质量，且质量可能各不相同的理论是烦琐且缺乏对称的，物理学家称其为对称性破缺。

在日常生活中，我们很容易发现对称性被打破的例子。想象一支铅笔，用削尖的一端直立在桌面上。现在，从各个方向来看，它都是完全对称的。然而，如果铅笔受到一股气流的冲击，就有可能向北、向西南或其他任何方向倒下去。相对于垂直方向，铅笔不再是对称的。这说明尽管物理学的基本定律是对称的——在这种情况下，重力指向下方，不偏向罗盘的任何方向——然而，这些定律的结果可能是不对称的。

希格斯想象中的场处于关闭状态时是完全对称的，并不破坏局域规范不变性，但其会因为对称性自发破缺（spontaneous breaking of symmetry）导致其打开，并与规范载力子相互作用，赋予它们以质量。希格斯想象存在一个墨西哥草帽形状的势能场（sombrero hat potential），粒子的能量由自身在这个场中所处位置的高度来决定。最初，在大爆炸的超高能量条件下，粒子位于草帽的中央的最高点，处于完全对称状态。然而，随着宇宙逐渐冷却到如今的低能状态，粒子选择了一个方向，滚落到草帽的帽檐处，破坏了最初的对称性。

要解释无质量载力子与希格斯的自发破缺场的相互作用如何产生质量，还须等一等，希格斯方案还有一个更直接、更紧迫的问题要解决。其他物理学家都知道这个问题，这也是为什么量子场论在20世纪60年代初不受欢迎的另一个原因。

再想想那顶墨西哥草帽。描述希格斯场能量的粒子可以停留在帽檐上的任何一个位置，每个位置都对应着希格斯场的一种状态。原子可以通过发射或吸收1个能量等于两种状态之间的能量差的光子，从而从一种能量状态转变为另一种能量状态。然而，在希格斯场的情况下，环绕帽檐一周的各个状态都处于完全相同的高度，因此具有相同的能量。从一种状态到另一种状态不需要能量，这意味着对应的粒子质量为零，这种粒子被称为戈德斯通玻色子（Goldstone boson）。

英国物理学家杰弗里·戈德斯通（Jeffrey Goldstone）发现，这种粒子是标量场对称性自发破缺不可避免的结果。问题是，如果质量为零，那么这种粒子应该很容易产生，所以物理学家应该早就在实验中发现它们了。但是戈德斯通玻色子从未显露真容。物理学家们曾把没有找到戈德斯通玻色子作为证据，认为需要自发对称性破缺才能与现实世界接触的量子场论在理论上是行不通的。

但是，局域规范对称性可能产生基本力的想法非常吸引希格斯。这个想法是那么优雅、那么美丽、那么令人心旷神怡，让他实在割舍不下。多年来，这种想法一直萦绕在希格斯的脑海中，现在他终于有了突破。3周前，他将论文寄给了《物理快报》，公布了惊人的结果。希格斯突破性的发现在于，如果量子场论是局域规范不变的，也就是说，如果也存在规范载力子的话，戈德斯通玻色子就会消失。要理解原因，就有必要先了解无质量粒子和有质量粒子之间的关键区别。

如前所述，亚原子粒子只不过是通过量子场传播的波，就像风吹过麦田一样。我们生活的世界是具有三个维度的空间，因此很明显，粒子的波可以在三个相互垂直的方向上振荡。这种直觉对于具有质量的粒子是正确的，但是对于以光速运动的光子这类无质量粒子来说并非如此。

光子与电磁波有关，电磁波的电场和磁场在垂直于电磁波传播方向的平面上振荡。除了这两种横向的振荡外，波原本也有可能沿其运动方向振荡，不过这种纵向的振荡必然会在运动速度上低于光速和高于光速之间交替。但这是不可能的，因为根据爱因斯坦的理论，光速是宇宙终极速度极限。因此最终结果是，有质量粒子有三种独立的振荡方式，而无质量粒子只有两种。

希格斯的突破在于，他意识到在无质量规范粒子理论中，戈德斯通玻色子奇迹般地消失了。实际上，它们被载力子吞噬了。希格斯机制不仅摆脱了麻烦的戈德斯通玻色子，而且在吞噬的过程中，赋予了无质量规范粒子以第三种振荡方式，从而赋予它们质量。[9]

应该指出的是，这种获得质量的机制与之前描述的粒子和无处不在的希格斯场相互作用的机制不同，后者遇到的阻力就像游泳者在游泳池里奋力前行时遇到的阻力一样。事实上，大自然已经为赋予粒子质量提供了两种不同的机制：一种是直接机制，直接赋予自然界载力子以质量，包括自发的对称性破缺；另一种是间接机制，先为自然界的夸克和轻子提供质量，这涉及与希格斯场更直接的相互作用。

希格斯机制创造了一石二鸟的奇迹：既摆脱了戈德斯通玻色子，又赋予了规范载力子以质量。史蒂文·温伯格认为，戈德斯通玻色子的角色已经从“不受欢迎的入侵者”转变为“受欢迎的朋友”。[10]披上戈德斯通玻色子诱导质量的外衣后，载力子仍然是无质量的，因此，仍然可以用重整化的、不发散的局域规范理论加以描述。

o o o

希格斯在1964年夏天写的两篇短论文中详细阐述了这一切。在第一篇论文中，希格斯论述了如何在量子场论中摆脱戈德斯通玻色子——只需要规范玻色子存在。在第二篇论文中，希格斯概述了规范玻色子是如何通过吞噬戈德斯通玻色子来获得质量的。[11]但是，当希格斯坐在办公室里，看着面前桌子上放着的被退回的第二篇论文时，他仍然面临着一个问题：该添加些什么来确保论文能发表。也许说，这是他想法的物理表现？

每个量子场都有一个或多个与之相关的粒子，因为每个场都可以产生扰动，而通过场传播的扰动就是一个粒子的全部。希格斯知道他的对称性破缺场也不例外。

希格斯又想到了支配他的场的草帽势。戈德斯通玻色子的出现是因为粒子可以环绕墨西哥草帽边沿振荡，但那不是唯一可能的振荡类型。粒子也可以沿径向振荡，在由草帽檐形成的沟谷里上下振荡。激发这样的振荡需要的能量最少，而根据爱因斯坦的理论，能量具有等效质量。如果把足够的能量注入一小块空间，就有可能产生这样一种粒子——一种希格斯场的扰动。

第二篇论文被《物理快报》拒绝，希格斯对此感到恼火，不仅是因为编辑没有意识到他工作的重要性，更糟糕的是，雅克·普伦特基（Jacques Prentki）没有建议他把修改后的论文重新提交给《物理快报》，而是让他提交给意大利物理学会期刊《新试验》（*Il Nuovo Cimento*）。《物理快报》收到的所有论文稿件都要经由独立科学审稿人审稿，而《新试验》则根本没有审稿人。普伦特基似乎认为这篇论文与《物理快报》关注的方向无关，毫无价值，这刺伤了希格斯。[12]

因此，如果希格斯听从了普伦特基的建议，那他就真的死定了。希格斯决定不把修改后的论文寄给《物理快报》，而是寄给其美国竞争对手《物理评论快报》（*Physical Review Letters*）。然而，论文需要添加一些东西，还好最终他想出来要怎么写了。希格斯拿起笔，只在论文结尾处加了两句话。在第一句话中，他写道："值得注意的是，本文中所描述的理论类型的本质特征是对标量玻色子和矢量玻色子的不完备多重态的预测。"在这句高度技术性的陈述中，希格斯表明，对称性破缺过程中会留下一种粒子，一种有质量的戈德斯通玻色子，一种迄今为止人们未曾预料到的基本粒子。

希格斯不知道的是，另外5位物理学家差不多在同一时间也得出了几乎完全相同的结论。在伦敦，有一个"三人组"，由汤姆·基布尔（Tom Kibble）、格里·古拉尼克（Gerry Guralnik）和迪克·哈根（Dick Hagen）组成；而在布鲁塞尔，有一个"二人组"，由罗伯特·布劳特（Robert Brout）和弗朗索瓦·恩格勒特（Francois Englert）组成。后来，希格斯称自己为"一人组"。

希格斯把修改后的论文交给部门秘书重新打印时，感到有种说不出的满足感。虽然不知道如何将那句话纳入粒子物理学的框架中，但希格斯确信它很重要。希格斯也丝毫没有想到，最后加上的这句话会使他不朽。实际上，这将为他赢得诺贝尔奖。

o o o

希格斯的研究没有引起轰动，也没有登上新闻头条。正如“三人组”成员之一汤姆·基布尔后来所说，“我们的工作遇到了‘震耳欲聋’的沉默”。在规划向规范载力子提供质量的机制时，希格斯希望能够将强核力——将原子核各组成部分结合在一起的力——也纳入同一机制中，但时机还不够成熟。那时人们认为，强核力主要作用在质子和中子之间，但实际上，质子和中子都是由夸克组成的复合粒子，强力是将夸克结合在一起的力。直到20世纪60年代中期，物理学家默里·盖尔曼和乔治·茨威格（George Zweig）才认识到这一点。

除了对强核力理解得不够充分之外，将强核力纳入希格斯机制还有另一个根本性的困难：事实上，这种力的短程性并不符合希格斯机制，它不像预料的那样，由希格斯场赋予这种载力子以质量，并将其从真空中瞬间召唤出来的。胶子（gluon）没有质量，因此，就强核力而言，希格斯机制毫不相关。大自然给我们出了一个难题，选择了一种完全不同的机制产生短程的强核力。

就像一条松紧带，被拉伸得越长，恢复力就越强那样，2个夸克被拉得越远，它们之间的力也就越强。事实上，分离1对夸克需要投入的能量太多了，以至于这些能量足以转化成夸克-反夸克对的质能，也就是产生新的夸克对，而新的夸克对反过来又必须被拉开……因而完全分离2个夸克是不可能的，强子的作用永远不会超出超短程范围。

规范载力子胶子保持无质量状态，强核力就可以保持局域规范的对称性。胶子与夸克一起被禁锢在质子和中子内部，并永远无法被看到。鉴于以上论述，弱核力的无质量对称性被对称破缺隐藏，而强核力的无质量对称性则被夸克禁闭（quarks confinement）隐藏。

这一切的结果是，希格斯在发明一种赋予载力粒子以质量的机制时，考虑的是错误的力。正确的力实际上是弱核力，这是美国的史蒂文·温伯格和英国的阿布斯·萨拉姆（Abdus Salam）在20世纪60年代末认识到的。这两个人努力证明弱核力和电磁力有共同的起源。

回想一下19世纪物理学的伟大成就，由詹姆斯·克莱克·麦克斯韦发现的电力和磁力具有共同的起源。[13]当时有明显的迹象表明二者是有联系的。汉斯·克里斯提安·奥斯特（Hans Christian Oersted）证明了变化的电场会产生磁场，而迈克尔·法拉第证明了变化的磁场会产生电场。但是对于电磁力和弱核力，它们之间并未显示出存在着明显的联系。

电磁力的作用范围是无限的，而弱核力的作用范围仅为质子直径的1%。尽管电磁力能够使带电粒子在空间中移动，但弱核力却可以使电荷在粒子之间移动，从而将一种粒子神奇地转化为另一种粒子。例如，在放射性β衰变过程中，将中子转化为质子（严格来说，是弱核力将中子内一种味的夸克——下夸克，变成另一种味的夸克——上夸克）。

弱核力对于太阳至关重要，因为需要弱核力的核反应很罕见（在量子世界中，“弱”是“不常见”的同义词）。之所以太阳的燃料在数十亿年的时间内逐渐消耗，而不是在一次性爆炸中挥霍掉，就是因为产生阳光的核反应链第一步的稀缺性。这使太阳能够稳定地发光数十亿年，为进化复杂的生命提供了时间。而且，如果这还不足以令人感激，那么弱核力对于在巨大恒星内部发生的核进程中也至关重要。这些恒星合成了对地球生命至关重要的碳、氧和铁等元素。①

弱核力似乎与电磁力差别巨大，敢于宣称它们有共同的起源的确需

① 另一方面，弱核力仅影响单向旋转的粒子。想一想这也太怪异了，就好比许多对情侣在五级飓风中跳舞，顺时针旋转的那些人会立即被吹走，而逆时针旋转的那些人却不受影响。弱核力这不正常的一面（实际上令人难以置信）违背了所谓的左右对称性（left-right symmetry）。此问题由美籍华人物理学家吴健雄于1956年发现。

要勇气。在世界上，彩虹和放射性衰变怎么就成了同一基本现象的不同方面呢？但这正是施温格在1956年提出的观点。[14]在20世纪60年代，温伯格、萨拉姆还有其他一些人证明了施温格是对的。也正是在电磁力和弱核力进入电弱的统一中，证明了希格斯观点的价值。

弱核力的短程性确实可以用其质量较大的规范载力子来解释，弱核力载力子的质量几乎是质子的100倍。由于弱诱导的β衰变会向中子添加正电荷以形成质子，因此必须存在一个带正电荷的载力子，这就是W+子。而且由于β衰变可以逆向发生，那么向质子中添加负电荷以形成中子，因此W-子也必须存在。实际上，是施温格预测了W+和W-的存在。出于技术原因，还必须有一个不带电荷的弱核力载体，这就是美国物理学家谢尔登·格拉肖（Sheldon Glashow）在1960年预测的Z0子。W+、W-和Z0一起被称为弱矢量玻色子（weak vector bosons）。

简单说一下什么是玻色子。在自然界，粒子可以携带固有的自旋或称量子自旋，并且只能是基本自旋的整数倍（如0或1）或半整数倍（如1/2或3/2）。前一种类型的粒子被称为玻色子（bosons），后一种类型的粒子被称为费米子（fermions）。载力子（如光子和胶子）是玻色子；而结构性粒子（如夸克和电子）则是费米子。粒子的自旋与其整体行为之间有着密切的联系。根据自旋统计定理，2个性质相同的玻色子可以同时占据同一位置，但是2个费米子却不能。这就是无法计数的光子很乐意在一束狭窄的激光中携手前行，而电子却为避开彼此而无所不用其极的原因。正是电子的这种强烈的互斥性解释了为什么它们要占据原子中单独的轨道，从而使物质得以延展而形成固体。

在温伯格和萨拉姆的理论中，电磁力的存在是为了维持一种称为U（1）的局域规范对称性。大体上说，就是要保持电子量子波的复杂相位在时空的每个点都相同。弱核力的存在则是为了维持稍微复杂一点的对称性，被称为SU（2）。该对称性涉及一个2×2矩阵，与保罗·狄拉克的著名方程式中使用的矩阵相似，但并不完全相同（请参阅第3章）。这两种对称性合在一起，称为U（1）×SU（2）。正如格拉肖认识到的那样，电弱载力子变成了光子和Z0子，这是由2种对称性及W−子和W+子的混合而产生的。Z0子只不过是有质量的光子，我们可以把它看作重光（heavy light）。

由于规范载力子必须服从局域规范对称性，因而载力子都是无质量的。在宇宙大爆炸最初的超高能量条件下，可能会发生这种情况。进入希格斯机制，这种情况下的希格斯场就比用墨西哥草帽描述的情况稍微复杂一点。这就是所谓的具有4个分量的SU（2）状态，产生4个戈德斯通玻色子，或称希格斯子。W+子、W−子和Z0子将其中3个玻色子吞噬，在这个过程中赋予它们质量（光子不参与这个过程，因而保持无质量状态）。剩余的粒子则是具有内在质量的希格斯玻色子，彼得·希格斯在1964年8月预测了它的存在。

截至2012年7月，标准模型（即3种非引力的量子场论）中所有基本粒子的有力证据都在实验中被发现。[15]这些基本粒子包括6种夸克，分别是上夸克、下夸克、粲夸克、奇异夸克、顶夸克和底夸克；6种轻子，即电子、电子中微子、μ子、μ子中微子、τ子和τ子中微子；以及12种载力子：其中，光子介导电磁力，W+子、W−子和Z0子传递弱核力，8种胶子传递强核力。①

并不是所有模型中的粒子都被发现了，应该说，除了希格斯粒子

① 构成物质的基本单位的夸克和轻子是费米子，而把它们结合在一起的载力子是玻色子。所有常规物质都是由这4种粒子构成的：上夸克和下夸克，以及电子和电子中微子（原子核中的质子由2个上夸克和1个下夸克组成，而中子由2个下夸克和1个上夸克组成）。其他夸克和轻子只是这些粒子的较重形式。而为什么大自然选择使其基本构成部分翻3倍，这确实是个谜。

（Higgs particle）外，所有的粒子都被发现了。

2012年7月4日，伦敦卫理公会中心大厅

在大厅舞台后面的屏幕显示欧洲核子研究中心的新闻发布会开始了。实验室的主礼堂座无虚席，甚至比伦敦卫理公会中心大厅还拥挤。巴特沃斯已经在回答热心记者的问题了，令他沮丧的是，他只能断断续续地从巨型屏幕上了解那边的实况。

在欧洲核子研究中心，ATLAS和CMS实验室的发言人法比奥拉·吉亚诺蒂（Fabiola Gianotti）和乔·因肯德拉（Joe Incandela）正在会议现场。大型强子对撞机是有史以来最复杂的机器，填满了瑞士和法国边境下方长达27千米的圆形隧道。该隧道与伦敦地铁的环线一样长，之前被大型正负电子对撞机（the Large Electron-Positron collider，LEP）所占据。

大型正负电子对撞机的碰撞能量能够达到的强度是有限的，因为每当电子和正电子被加速时——当环绕在大型正负电子对撞机隧道周围的强大磁铁将正负电子的径迹弯曲成圆弧时——这些正负电子就会发射电磁辐射，从而削弱碰撞的能量。然而，至关重要的是，这种同步辐射（synchrotron radiation）对轻粒子产生的影响比重粒子更明显。事实上，这取决于粒子质量的负四次方，因此，比电子重2000倍的质子产生的同步辐射大约只有电子的10万亿分之一。这就是为什么要用大型强子对撞机（LHC）替换隧道中的大型正负电子对撞机了。（顺便说一句，强子是任何受到强核力作用的粒子。）

大型强子对撞机的环形真空管道位于瑞士和法国之间距离地面100米的地下。要强迫超高能质子沿这条环形管道运行，就需要用尽可能强的电磁铁来弯曲质子的径迹。实际上，流过这些电磁线圈的电流能够达到12 000安培。如此高的电流自然会产生大量的热量，但是大型强子对撞机的1232个偏转磁体，每个长15米、重35吨，由特制的超导线圈制成，并由液态氦——世界上最好的制冷剂——冷却。在零下271.3摄氏度，也就是仅比绝对零度高1.9开尔文的情况下，线圈对电流不产生任何阻力，保持超导状态，因此不会发热。然而，在2008年9月10日的测试开始后不久，就在大型强子对撞机第一次注入质子束时，两个磁体之间的连接失去了超导性。这导致了火花的产生，火花击穿了长达27千米的冷却容器——有史以来最大的冰箱——逸出的液态氦迅速气化膨胀发生爆炸，导致750米的磁环被损坏。事故使该计划的进程推迟了一年多。

好在自2009年11月重启以来，大型强子对撞机一直运行顺利。在ATLAS和CMS内部，质子之间以光速的99.9999991%发生碰撞，再现了宇宙诞生后1000亿分之一秒的瞬间——此时，大爆炸火球的温度约为1000万亿摄氏度。严格来说，这种碰撞不是质子之间的碰撞，而是质子的构成粒子夸克和胶子之间的碰撞。从碰撞的能量中产生了夸克和胶子的射流。射流中产生了大量奇异粒子，这些奇异粒子在极短的时间之内就转化为更多的亚原子碎片。通过硬件和软件的手段，从这些眼花缭乱的亚原子射流中滤除了大多数事件信号，仅留下最罕见的特征信号——那种物理学家正在寻找的希格斯玻色子的特征信号。

但即使在射流中产生了这种粒子，其也会因为存活时间太短而很难直接被检测到。诀窍就是寻找它衰减后的粒子，这些粒子可以从混乱不堪的背景中区分出来。ATLAS寻找的是一种罕见的光子对，它们是由希格斯玻色子产生的W+和W–粒子衰变而成的。CMS则寻找罕见的Z0对，也是从希格斯衰变中产生的。ATLAS和CMS实验室的物理学家要尽可能相互隐瞒彼此取得的进展，因为欧洲核子研究中心最想要的就是由完全独立的双重证实的实验结果。

巴特沃斯大致知道吉亚诺蒂会讲些什么，因为前一天吉亚诺蒂在同事们面前排练演讲时，巴特沃斯也在欧洲核子研究中心的萨尔·居里（Salle Curie）会议室。然而，当吉亚诺蒂的演讲达到高潮时，巴特沃斯希望不要有人来分他的心。值得庆幸的是，瑞士主会场逐渐高涨的兴奋情绪已经蔓延到了伦敦。卫理公会中心大厅的记者默不作声了，所有人的目光都集中在大银幕上。

吉亚诺蒂正在展示一张曲线图，图中显示了一个126GeV的峰值，是产生质子所需能量的大约126倍。如果ATLAS和CMS看到的是一个来自短暂存在粒子的衰变产物的话，这正是预期的结果。吉亚诺蒂讲了句魅力十足的话："两个实验结果都达到了'5–西格玛'的置信度。"①

欧洲核子研究中心的会场内一片欢腾，在过去半个小时里耐心倾听技术细节的观众们爆发出了热烈的掌声和欢呼声。电视画面转到满脸通红、面带微笑的彼得·希格斯身上，希格斯是受邀出席此次发布会的，他坐在观众席中间。周围的人都在向希格斯表示祝贺，并争相和他握手。希格斯今年83岁，为人谦和，今天看上去有点激动。他把眼镜往上推了推，像是在擦眼泪。"二人组"成员中的弗朗索瓦·恩格勒特也在现场。一年后，两人分享了2013年诺贝尔物理学奖。[16]

伦敦卫理公会中心大厅会场内也是一片欢腾，人们站起来欢呼着。

① 西格玛是一种概率量度：值越大，物理学家就越确信结果是真实的，而不只是偶然结果。置信度为"5–西格玛"时，物理学家们确定，出错的可能性是200万分之一，这就是为什么吉亚诺蒂用"5–西格玛"作为证据的原因。

巴特沃斯已完全忘记了早些时候到达这座大楼时的不快。这是物理学史上重要的时刻。尽管距离日内瓦750千米，但巴特沃斯也觉得自己身在其中。他曾以为自己所从事的工作即便是在物理学界都是冷门，在大众中更没人在意，但周围的气氛表明他错了。不管对物理学了解多少，所有人都意识到这是科学史上的关键时刻，也是人类历史上的关键时刻。

1965年夏天，在爱丁堡大学的一间办公室里，一个腼腆谦虚的人在一篇被拒绝发表的论文中加上了两个句子，预测了迄今出乎意料的有质量粒子的存在。现在，将近40年后，有史以来最复杂的机器（其成本约为50亿欧元）被建造并启动，还找到了这种粒子。[17]或者还没有？

“是希格斯粒子吗，巴特沃斯教授？这真的是希格斯粒子吗？”问题来了。

“我们找到了一种新的、真正的粒子，”巴特沃斯回答说，字斟句酌，“它的表现与希格斯粒子一致。”

“到底是不是希格斯粒子？”

“我们认为是希格斯粒子，但需要做更多的工作来确定。知道它是一种新粒子还不够让人兴奋吗？一种新粒子哎！”

但这对记者来说真还不够。他们总是无情地反复提出这个问题“你们找到希格斯粒子了吗”？这让巴特沃斯觉得既滑稽，又沮丧。

巴特沃斯不愿意做肯定的回答，因为看起来像希格斯粒子的东西，并不意味着就是希格斯粒子。巴特沃斯和同事们需要测量新粒子的性质——量子自旋和其衰变的精确细节——以查看是否那就是标准模型中的希格斯玻色子。但巴特沃斯从内心深处认定它就是，这东西看起来像希格斯玻色子，这家伙闻起来也像希格斯粒子。终于，他们找到了希格斯粒子。

o o o

希格斯粒子的发现具有里程碑意义。它是标准模型的最后一块拼图，是350年科学研究的巅峰之作。我们已经确定了宇宙的基本组成部分，并了解了将它们结合在一起的力量。一切事物的存在——你和我、消化饼干、蜗牛、肥皂剧、长颈鹿、恒星和星系——都是为了服从局域规范对称性，这是一切事物呈现的简单原理。

没人知道，为什么大自然如此强烈地希望服从局域规范不变性。用伟大的意大利物理学家恩里科·费米的话来说，“在我来这里之前，我对这个问题感到困惑。听完你的演讲，我仍然很困惑。但困惑来自更高层次”。但是希格斯粒子的发现有力地证实了科学的力量——科学的核心魔力。在这个发现中，人们看到，先在数学方程中编造描述自然的事物，然后再到数学之外的现实世界中去寻找它们。弗兰克·克洛斯表示：“那个写在纸上的方程式可以认识自然，并且48年之后的实验能证明这种认识，很了不起。‘了不起’这个词被人用烂了，但用在这里恰如其分。”[18]

希格斯粒子在标准模型中是独一无二的。因为既没有电荷，也没有量子自旋，所以在基本玻色子中，它是唯一不载力的玻色子，是非规范粒子。事实上，这是迄今为止发现的第一个自旋为0的粒子。电磁力、弱核力和强核力的载体都有自旋1，而假设的引力载体引力子（graviton）预计自旋是2。

希格斯玻色子的质量是质子的126倍，是迄今为止发现的最重的亚原子粒子。由于质量如此之大，它与其他重粒子如顶夸克、底夸克和重的 τ 轻子的相互作用最为频繁，而且它的行为与理论预测完全一致。没有理由相信它不会像预测的那样，与较轻的夸克和轻子相互作用。然而，这样的相互作用是罕见的，需要更多的数据来证实，就像即将观察到的希格斯粒子与自身的相互作用一样。

希格斯玻色子不是莱昂·莱德曼所称的上帝粒子（God particle），但借用印度小说家阿兰达蒂·罗伊（Arundhati Roy）的话来说，它是“微物之神”。

虽然希格斯粒子很重要，但它只是希格斯场中短暂划过的涟漪，其真正的意义在于确认希格斯场本身的存在，并揭示场的性质。希格斯场一直是关键所在，与发现一种新的亚原子粒子相比，希格斯场才是更深奥的实体，更具有发展前景。

希格斯场是全新的东西。如前所述，其他场在真空中都为0。那些场可能会因为量子的不确定性而有所振荡，但整体平均为0。然而，希格斯场在空间中的任何地方都不是0，并且因为它无处不在，宇宙中的一切都终生沉浸其中。直到2012年7月4日，这还只是一种理论。但是现在，因为已经在希格斯场中观察到了涟漪——希格斯玻色子，我们知道它的确存在。每1个费米子（每1个夸克和轻子）都在不断地与之相互作用。就像W+、W-和Z0一样，这些粒子本质上是无质量的，但与希格斯场的相互作用赋予了它们质量，并且作用强度决定了质量的大小。[19]几个世纪以来，人们所称的质量，现在被认为是基本粒子和希格斯场相互作用的结果。

那么希格斯玻色子本身的质量是从哪里来的呢？好吧，它是通过与自身的相互作用来获得质量的——等着瞧吧！

这里有个附带条件。虽然有两个独立的机制赋予粒子以质量——W+、W-和Z0通过戈德斯通玻色子的交互作用获得质量；费米子（包括希格斯玻色子）与希格斯场的交互作用获得质量——但这些机制仅产生了你身体质量的1%。这是因为你身体的主要组成部分是夸克，而夸克的大部分质量并不是由希格斯玻色子，而是由爱因斯坦的狭义相对论来解释的。在原子核的质子和中子内部，夸克以接近光速的速度运动，正如爱因斯坦指出的，当物体以接近光速运动时，质量会变得更大。①

如果在筹建大型强子对撞机时，物理学家们对政客说，这个设备能找到1%质量的产生原因，政客们大概不会支持建造大型强子对撞机。但这1%是至关重要的，因为如果没有希格斯玻色子，你体内的夸克和电子将是无质量的。这意味着这些粒子将以光的速度运动，从而不会停留在原子中，那么一切物质都会分崩离析。没有希格斯场，你和我、恒星和星系都不会存在。

当然，这正是大爆炸极早期的情况。在那种高能量状态下，所有粒子都是无质量的，以光速运动的，其相互作用的方式与今天的低能量宇宙完全不同。小说家莱斯利·珀斯·哈特利（L. P. Hartley）在《一段情》（*The Go-Between*）一书中写道："过去是另一个国度：那里的人做不一样的事。"作为人类，发现这一点是我们的伟大胜利。正是希格斯场的开启，让整个世界成为可能。

无处不在的希格斯场可能在控制宇宙方面扮演着某种未知的角色，即使不是这样，其存在本身也已经告诉我们标量场是可能存在的。如前所述，这类场有个关键特性，那就是无论人们的速度如何，在每个人看来，希格斯场都是一样的，因此不与爱因斯坦狭义相对论相冲突。希格斯场的存在提出了一种可能性，即宇宙可能包含其他标量场，并且这些标量场有可能解释一些宇宙中令人费解的特点。例如，人们认为，在宇宙诞生的最初一刹那经历了一个短暂的加速膨胀阶段，即所谓

① 因为距离越远，夸克之间的强核力就越强，由此推知距离越近，夸克之间的强核力就越弱。在质子和中子内部，强核力是如此之弱，以至于夸克就像是自由粒子。这被称为渐近自由。

的暴胀（Inflation theory）。奇怪的是，在神秘的暗能量（dark energy）的推动下，今天，宇宙正在以一种缓慢、持久的方式加速膨胀。理论家们怀疑，前一阶段是由施加斥力的标量场驱动的，即所谓的暴胀子（inflaton），而后一阶段也可能是由标量场驱动的。

然而，关于希格斯场，我们只知道它存在，但不知道它的起源，也不知道为什么它在真空中的平均值不为0，或者它是否真的是世界的基本构成。可以想象，希格斯场可能是像质子和中子这样的场的组合，质子和中子是由3个独立的夸克场组成的。物理学家们希望通过对希格斯玻色子的深入理解，能够获得新的物理洞察力。因为尽管标准模型非常成功，但其中包含了太多人为添加的和令人费解的因素。

许多事情物理学家们根本就不知道，比如，基本粒子的质量为什么是这样的——顶夸克的质量为什么比中微子大了近1万亿倍？基本力之间的相对强度是怎样形成的，为什么电磁力竟然是万有引力的10^{40}倍？为什么会有3个家族的夸克和3个家族的轻子，每一代的质量都比上一代大？更为重大的问题是，在标准模型中没有引力或暗物质的任何位置，尽管已知暗物质比恒星和星系中的可见物质多6倍。标准模型是更高层次理论的近似，而更高层次的理论正是每个人都渴望发现的。

第 9 章

来自宇宙的声音——引力波

如果LIGO探测到的黑洞真是最早一批恒星的遗迹，那就太神奇了！就好比走在伦敦的牛津街上，在熙熙攘攘的购物人群中突然发现了两个奇迹般幸存下来的罗马军团的士兵。要知道，自公元410年之后，罗马帝国的士兵们就已不复存在了。

如果你问我是否有引力波，我必须回答我不知道，但这是一个非常有趣的问题。

——阿尔伯特·爱因斯坦（Albert Einstein）

女士们、先生们，我们已经探测到了引力波。我们做到了！

——大卫·雷泽（David Reitze）

在一个非常非常遥远的星系中，两个巨大的黑洞被锁定在相互缠绕的死亡旋涡中。就在地球上最复杂的生物还只是古老的细菌时，两个黑洞完成了最后一次绕转，发生碰撞，合并在了一起。那一瞬间，太阳质量3倍的黑洞骤然消失了。片刻之后，那些消失的质量化作时空振荡的海啸，以光速向外奔涌而出。

在这短暂的一瞬间，引力波的能量相当于宇宙中所有恒星辐射能量总和的50余倍。换句话说，如果黑洞合并不产生剧烈的时空振荡，而产生可见光，那么其亮度将是整个宇宙亮度的50余倍。

这次的引力波就像池塘水面上的同心涟漪那样向外扩散，沿途冲刷着100万个星系，轻摇着100亿亿颗恒星，撩拨着无数的行星、卫星、小行星和彗星。

此时的地球上，巨大的板块正在迅速而猛烈地漂移、旋转、相互碰撞，形成高耸的山脉，山脉又不断遭受风雨和冰川的侵蚀逐渐变得平坦。生命在单细胞阶段停滞了30亿年后，不可思议地在这一时期一跃成为多细胞生物。从此，植物和动物开始大量繁衍，遍布地球表面。虽然它们多次因来自星际的大块陨石撞击而灭绝，但它们总会重新萌生。恐龙来了，又走了。冰川从两极向赤道扩展开来，然后又退缩回去，反反复复，就像1英里（约1.6千米）深的白色潮汐，涨涨落落。一族直立的古猿出现了，把足印留在了坦桑尼亚莱托里的火山灰中。而这批古猿的后代仅在地质年代的一瞬之后，就把足迹留在了月球静海（Sea of Tranquility）登陆点的尘埃上。

此时，这股滚滚向前的时空涟漪早已跨越辽阔的宇宙，横扫银河系的外缘，涌入了银河系内部的猎户座旋臂。这股涟漪轻抚了太阳系边缘冰冷的彗星云，匆匆掠过气态巨行星及其超级卫星，朝着紧挨着太阳火堆的岩石行星推进。这股涟漪相继拂过火星、月球和地球大气层，最后，在历经13亿年漫长的太空传播之后，涌入了某种一直在默默等待的东西。

2015年9月14日，德国汉诺威

将近中午时分，听见“啵”的一声，坐在电脑前的马可·德拉戈（Marco Drago）知道，有电子邮件到了，但他正忙着写一篇科学论文，没有立即查看邮件内容。每天的这个时候，他都会收到类似的电子邮件，大多是例行公事，没有什么特别的意义。

2015年9月14日，星期一，本来这一天对于德拉戈来说与平日没有什么不同。诺德施塔特是一块靠近汉诺威的安静区域，在这个阳光明媚的秋日早晨，他离开位于诺德施塔特的公寓，步行10分钟，来到了马克斯·普朗克引力物理研究所（the Max Planck Institute for Gravitational Physics）。该机构拥有约200名员工，大楼由两座现代的长方形建筑组成，中间隔着一条马路，由一条玻璃通道连接。通常在早上9点，德拉戈就到了一楼的办公室，脱下外套后，坐在笔记本电脑前查看前一天晚上收到的邮件。LIGO-Virgo合作项目涉及不同国家和地区的大约1000人，不同地域的人之间有着时间差，这意味着电子邮件沟通是不间断的。

前一年，德拉戈从维罗纳附近的特伦托大学（the University of Trento）来到德国。他在阿尔伯特·爱因斯坦研究所（Albert Einstein Institute）〔马克斯·普朗克引力物理研究所（Max Planck Institute for Gravitational Physics）的非正式称呼〕做博士后时，在监控一种计算程序，它是用来分析美国的两个LIGO引力波探测器以及欧洲的Virgo（处女座）引力波探测器的输出信号，以从中筛选出可能是引力波的触发信号。

德拉戈保存了正在写的论文，翻到电子邮件收件箱，打开了未读邮件。在比萨（Pisa）附近的Virgo探测器还没有投入运行，所以只有两个附件，一个来自路易斯安那州的利文斯顿，另一个来自华盛顿州的汉福德。

在利文斯顿的是一把长达4000米的激光“尺”，而3000千米外的汉福德也有一把同样的激光“尺”。当德拉戈点击打开两个附件，并让二者一上一下分屏显示时，他注意到在东部标准时间早上5点51分，利文斯顿的尺发生了颤动，7毫秒——还不到1秒的1%——之后，汉福德的尺也发生了完全相同的颤动。颤动显示为从左到右的蛇形线条，线条上下对称的偏移完美地反映了超级尺的伸缩。在大约1/10秒的时间里，摆动变得越来越快，越来越强烈，在达到最大值后，快速消失。

毫无疑问，这就是一掠而过的引力波的标志信号。这列引力波来自一对合并中的黑洞。但是这个事实对于德拉戈来说太荒谬了，他一丝一毫都不相信自己看到的就是引力波信号。

尽管LIGO——也就是激光干涉引力波天文台（Laser Interferometric Gravitational Wave Observatory）——已经运行1个月了，但其仍在进行

工程升级，以提高其灵敏度，并且要到4天后的9月18日才开始按计划进行科学探测工作。LIGO项目始于20世纪80年代，但直到现在，它的高新版本才接近探测所需的敏感度。德拉戈在想，开机时间才这么短，探测到引力波的可能性有多大呢？可能性几乎为零。

这并不是引起德拉戈警觉的唯一事情。引力波极其微弱[1]，原因很简单，万有引力极其微弱，与把人体原子黏合在一起的电磁力相比，只有后者的$1/10^{40}$。[2]麻省理工学院的物理学家赖纳·韦斯（Rainer Weiss）说："爬楼梯的时候，你会觉得地球的引力真的很强大，但从物理学的角度而言，在自然界的四种基本力中，引力的效应可谓是微乎其微、不值一提的。"

这等于说，时空是非常坚硬的——比钢铁还硬10^{27}倍。振动鼓面很容易，但要振动时空的鼓面却非常困难。尽管在空中挥挥手也会在时空结构中产生涟漪，但只有难以想象的最剧烈的物质运动，比如黑洞的合并，才能产生足以被21世纪的技术探测到的引力波。

然而，黑洞合并很可能是非常罕见的，这意味着产生引力波的事件很可能都发生在宇宙中离我们非常遥远的地方。引力波在宇宙不可思议的巨大体积里扩散，它将被稀释成无限微弱的涟漪。因此，所有人都预期，LIGO-Virgo接收到的第一个信号应该是混杂在背景噪声里的、只能勉强辨别的微弱信号。但是，德拉戈在电脑屏幕上看到的信号一点也不微弱。信号强大且清晰地显示在屏幕之上。所以他确信，肯定是弄错了，这一定是个假警报。

为了印证自己的想法，德拉戈沿着走廊来到了一位瑞典博士后同事安德鲁·伦德格林（Andrew Lundgren）的办公室。伦德格林在电脑上打开电子邮件，点击链接。当来自汉福德和利文斯顿的两个相同的波形出现在屏幕上时，伦德格林和德拉戈一样不相信这是引力波的信号。两个人的意见一致：这是假信号。

有两种假信号的可能：第一种假信号，是为了测试仪器的反应，有时候，LIGO-Virgo的工程师会向系统中注入一个伪信号。但一定会注明预注（scheduled injection），然而德拉戈和伦德格林并没有看到预注的标志。第二种假信号，是为了确保物理学家能够区分真实的引力波和虚假的人为信号，一个由物理学家组成的小团队负责进行的盲注（blind injection）。这个团队的成员宣誓，只有在盲注的信号被探测到，或者发现这些信号的论文即将在期刊上发表时，才会公开盲注的秘密。2010年9月16日就有这样一篇论文，在即将投送到《物理评论快报》时，被告知测得的是盲注信号。

经过1个小时的讨论，德拉戈和伦德格林得出结论，对这些信号来说，最有可能的解释就是盲注。他们唯一能做的就是打电话给汉福德和利文斯顿了解一下情况。汉福德的时间是凌晨3点半，而利文斯顿的时间是早上5点半。虽然德拉戈只得到了利文斯顿控制室的回复，但这已经足够了。值班的技师威廉·帕克（William Parker）证实仪器没有问题，并确认没有预注。

德拉戈和伦德格林决定给整个LIGO-Virgo合作团队发邮件，想了解一下其他人对这个信号的看法。德拉戈在邮件里打出了这样一句话："嘿，大家好。最近1小时探测到了1个明确的信号。有人能确认这不是人为注入的吗？"

在美国，人们起床了，并开始讨论这个信号。因而需要德拉戈处理的电子邮件太多了，他根本没时间做其他事情。那天剩下的时间就这样稀里糊涂地过去了。德拉戈忙到顾不上兴奋，他仍然相信那个信号是假的。

2天后，一切都变了。从那个让科学家们时刻保持警觉的物理学家小团队传来了惊心动魄的消息：没有盲注。

阿尔伯特·爱因斯坦研究所里有很多爱因斯坦的画像，这毫不奇怪。那天傍晚，德拉戈离开大楼回家时，注意到走廊墙上就有一幅1米高的爱因斯坦画像。这位在近一个世纪前曾预测过引力波存在的伟人，似乎正在调皮地对他微笑着说：“我说有，果然有吧？”

1936年7月，新泽西州普林斯顿大学

整整10分钟，爱因斯坦的新任助理、波兰人利奥波德·英菲尔德（Leopold Infeld）一直在赞扬霍华德·珀西·罗伯特森（Howard Percy Robertson）。英菲尔德坐在办公桌的另一边，与爱因斯坦之间隔着一堆摇摇欲坠的文件。最近英菲尔德似乎与刚从加州理工学院学术休假回来的罗伯特森建立了相当好的友谊。事实上，那天爱因斯坦从办公室的窗户里看到了他们在草坪上，在7月明媚的阳光下，二人兴致勃勃地聊着天，罗伯特森时不时地吸上一口烟斗。当罗伯特森沿着高级研究所宽阔的车道离开时，手里提着公文包晃来晃去。

爱因斯坦对罗伯特森这个人还是颇有些了解的。就在1935年，普林斯顿大学的这位年轻教授在对整个宇宙物质的均匀性做出了一些貌似合理的假设后，用爱因斯坦的引力论设法求得了一个宇宙解，从而完美地诠释了爱德温·哈勃1929年发现的宇宙的膨胀。这给爱因斯坦留下了深刻的印象。

英菲尔德从那堆文件的左侧或右侧探出身体，徒劳地想要与桌子另一边的老板有目光接触。英菲尔德说，他跟罗伯特森谈及了爱因斯坦和

他的前助手内森·罗森（Nathan Rosen）曾写过的一篇关于引力波的论文，罗伯特森发现了其中的缺陷。说出这个情况的时候，英菲尔德很紧张，不知道爱因斯坦会做何反应。但他的担心是多余的。“嗯，”爱因斯坦说，“最近，我也意识到了这个错误。”

英菲尔德一离开办公室，爱因斯坦就马上把那篇论文的手稿找出来开始修改。引力波的问题比他预想的要复杂得多。1916年，在提出革命性的引力理论——广义相对论——的短短几个月时间里，爱因斯坦就意识到，振动时空并由此产生以光速向外传播的涟漪是可能的。这种引力波类似于在电磁场中荡漾的波——电磁波，早在1862年，麦克斯韦就把光认定为电磁波。

但是，爱因斯坦发现，直接从广义相对论中推导出准确的预测几乎是不可能的。这并不奇怪。为了描述引力场的各种能量分布，爱因斯坦被迫采用一组含有10个方程的方程组来代替牛顿的1个方程。如果这还不够复杂，那么所有形式的能量（不仅是质量能）都具有引力，包括引力本身。引力产生引力！为了避免理论陷入无法计算的非线性，爱因斯坦别无选择，只能考虑弱引力的情况，并且申明没有额外引力的参与。这样，爱因斯坦不仅把10个方程简化为易于处理的1个，而且得到了1个波动方程，就像麦克斯韦发现的那个方程一样。引力波似乎必须存在。

真实的情况是，依据广义相对论，爱因斯坦只能证明在引力很弱的特殊情况下，引力波才存在。但假如在更一般的情况下，引力波不存在，那引力波只是海市蜃楼。要想证明在所有情况下，广义相对论都能推导出引力波存在，那简直就是一场噩梦。这个推导太复杂，爱因斯坦一点灵感也没有。然而，20年来，证明引力波必定存在的愿望一直跟着爱因斯坦。当他逃离纳粹德国，在南加州逗留了一段时间后，最终在普林斯顿高级研究院（Princeton Institute for Advanced Study）落脚时，这件事再次浮现在他的脑海中。

值得注意的是，爱因斯坦和他的第一位美国学生罗森发现了方程组的一个引力波解。这本该是一场胜利，但不幸的是，这个解中包含了一个奇点——引力波在一些地方激增到了无穷大——因此这个解毫无意义。本来要着手证明引力波的存在，但爱因斯坦和罗森似乎无意间证明了引力波根本不存在。

爱因斯坦丝毫不觉得失望。考虑到所有其他已知的场——电磁场、空气、水等——都可能有波的荡漾，而引力场却没有，他认为这是非凡的发现。[①] 爱因斯坦曾给远在德国的朋友、量子先驱马克斯·玻恩（Max Born）写信："我与一位年轻的合作者得出了一个有趣的结论，引力波并不存在。"之后，爱因斯坦和罗森共同撰写了一篇论文，标题为《引力波存在吗？》并于1936年5月底投送到了美国《物理评论》杂志社。

7月23日，《物理评论》的编辑约翰·泰特（John Tate）提出了退稿的要求，这让爱因斯坦大吃一惊。泰特在附信中说，一位匿名的审稿人指出该论文中有误。该审稿人声称，爱因斯坦和罗森以无穷大为由，证明引力波不存在，但这个令人困扰的无穷大是可以轻易消除的数学假象。泰特说，如果爱因斯坦能对审稿人的评论做出回应，他会非常高兴。

幸亏罗森已离开普林斯顿大学，到苏联担任学术职位去了，否则，他会目睹导师大发雷霆的情景。在德国，像《物理学年鉴》（*Annelen der Physik*）这样的期刊会毫无异议地发表爱因斯坦寄来的所有东西。

① "场"就是在空间的每一点都有值的东西。它可能是1个数字，例如，空气中每个点都有1个一定大小的数字来代表大气压力；或者它可以是1个矢量，就像在磁场中，每个点都有一个代表力的大小的数字和一个代表力的方向的箭头。把这个场想象成一个带箭头的场。

如果计算中出现了差错，会有人发表一篇后续论文来指出这个错误。这是德国人做科学的方式。爱因斯坦不相信《物理评论》竟会如此傲慢地拒绝这篇论文。这倒不是说爱因斯坦自命不凡，或者骄傲自大，而是他觉得事情本来就不应该是这样做的。

爱因斯坦给泰特写了一封言辞激烈的回信：

1936年7月27日

亲爱的先生：

我们（罗森先生和我）将手稿寄给你意在发表，而不是授权你在付印之前呈现给专家审读。我看不出有什么理由回应你那匿名专家的评论（且还是错误的）。有鉴于此，我宁愿将论文发表到别处。

谨启

爱因斯坦

（又及：已经去苏联任职的罗森先生授权我在此事上代表他回复。）

爱因斯坦说到做到。第一次遭遇同行评议的蜇伤，爱因斯坦决定将这篇论文寄给他以前发过论文的小型出版物《富兰克林学会杂志》（*the Journal of the Franklin Institute*）。幸运的是，英菲尔德向爱因斯坦转述罗伯特森的意见时，论文还没寄出，否则爱因斯坦就没有机会纠正错误了。

爱因斯坦的引力场方程的要旨是普适的，或者说是共变的（covariant）。共变是指宇宙中所有的观察者看到的物理现象必须相同，而不应该依赖任何人所处的位置，可称为坐标系（co-ordinate system）①。但便利的一面是，如果在一种坐标系中难以计算或无法计算的问题，只需要变换到另一种坐标系中，计算就可能很容易。这正是罗伯特森建议爱因斯坦做的事情。

碰巧的是，《物理评论》的匿名审稿人也提出了同样的解决办法。当时，爱因斯坦被愤怒蒙蔽了双眼，所以没有注意到。但当英菲尔德转述他与罗伯特森的对话时，爱因斯坦很高兴地承认了自己的错误。

爱因斯坦在办公室坐了1个小时，在论文的空白处匆匆地写着什么。现在他说引力波是存在的，爱因斯坦划掉了标题《引力波存在吗》，然后换成了《论引力波》[3]（*On Gravitational Waves*）。写完后，爱因斯坦向后靠在椅子上，陷入了沉思。

爱因斯坦回顾着对于引力波的认知过程。早在1916年还在柏林时，他就相信引力波的存在，但并不确信，这件事已经在爱因斯坦的脑海里萦绕了20年。到了今年，也就是1936年，他又和罗森一起误以为引力波根本不存在。而现在，他终于确信引力波存在了。然而，要产生引力波真是太难了，直到1918年，爱因斯坦才想出了唯一能够产生引力波的波源，那就是两颗纠缠在一起相互绕转的恒星。但这样产生的引力波依然难以置信地微弱，实际上根本不可能探测到。②

爱因斯坦把论文交给了和他一起从德国来的，长期担任他秘书的海伦·杜卡斯（Helen Dukas）。在杜卡斯重新打印论文稿的时候，爱因斯坦回到办公室给《富兰克林研究所杂志》的编辑写了一封投稿信。傍晚

① 一个城镇的位置可以描述为伦敦以北30千米，伦敦以东30千米，也可以描述为东北方向42.4千米。两者是不同坐标系对同一位置的表述。

② 但有趣的是，爱因斯坦并不相信他的引力理论的另一个预测：黑洞。黑洞作为可能存在的最致密的物体，可以比恒星相互绕转更近的距离相互绕转，从而造成更大的时空扭曲，并辐射出更强烈的引力波。

时分，他离开研究院时，把信件交给了杜卡斯。

奥尔登巷（Olden Lane）路过一辆黄色推土机时，爱因斯坦在落日余晖中眯着眼睛看了一会儿，想知道驾驶这样一台机器会是什么感觉。爱因斯坦下定决心，如果下次那个驾驶推土机的工人在附近，他就会问问是否可以让他试试驾驶推土机。尽管人的名声大了有很多坏处，但也有好处。[4]

当爱因斯坦向右拐进默瑟街，朝他住的112号房子走去时，看见了一个人影从左侧的马坎德公园（Marquand Park）里出来，穿过前面的马路，消失在了斯普林代尔路。这人绝对就是抽着烟斗的罗伯特森。爱因斯坦若想着，这个人的建议与匿名审稿人的建议竟如此相似，好奇怪啊。[5]

这个念头只在爱因斯坦脑子里闪了一下。重要的不是他如何与罗森一起修改论文，而是他已经修改好了。现在爱因斯坦确信，引力波一定存在。

2015年9月，汉诺威

2015年9月14日之后的数月里，每一周，德拉戈和LIGO-Virgo团队其他人的工作都繁重而艰巨。清单上列出了一长串的设备和软件，每一项都要检查，以确认没有发生故障。密歇根大学（University of Michigan）的物理学家、LIGO探测委员会成员基思·莱尔斯（Keith Riles）说："首要任务是确保自己没有欺骗自己。"

这是一项耗费大量时间和精力的艰苦工作，没有捷径可走。地球上有什么东西会模仿宇宙信号吗？有必要检查世界各地的地震记录，以排除探测到的是小地震的信号。在记录到信号的那一刻，两个探测地点有没有同时发生什么其他事情？是否有人骑自行车经过？是否有辆车撞到了附近道路上的一块突起（鼓包、石头）什么的？要想排除在汉福德和利文斯顿两地都曾发生的、能够在探测器上诱发两个完全相同信号的随机事件，这就有点麻烦了。但无论如何，要提出非凡的主张，就一定要有十足的把握。必须查阅各种记录、听麦克风录音、看闭路监控录像，以排除两个信号都是干扰信号的可能性。

当所有这些工作都完成之后，他们得出的结论是，在汉福德和利文斯顿看到的信号确实有可能是随机噪声产生的，但就概率而言，这种随机噪声需要20万年才能发生一次。信号的真实性似乎是毋庸置疑的，但还有最后一种可能性，它会让许多项目合作成员度过许多不眠之夜，那就是他们看到的是恶意的信号。

是否有人非法入侵了两个LIGO网站的电脑，并注入了信号呢？这种可能性很难排除。但调查小组得出的结论是，黑客要侵入电脑留下假信号，而且不留下任何痕迹，那就需要对多个复杂系统了如指掌。德拉戈说："任何不可能完成的任务都会比这个更容易完成。"

到2015年底，LIGO本身的表现增强了团队的信心，让他们相信9月14日的信号是真实的。两地的巨型尺分别于10月12日和12月26日记录下了2个触发信号，每个信号都与对黑洞合并的预测精确吻合。与收到的第一个信号相比，这2个信号均较弱且难以识别。人世间的偶发事件与这套仪器合谋，伪造不止1次，而伪造了3次信号的可能性有多大呢？德拉戈说："我们更确信了。"

保密是最重要的，参与项目合作中的任何人都不能告诉他们的朋友或家人LIGO发现了什么。对德拉戈来说，这并不太难。虽然他也渴望告诉别人，但是他太忙了，除了手头的工作，他完全顾不上其他任何事情。

此时的德拉戈和同事们正处于一种很少见的状况，他们知道了世界上其他人不曾知道的事情，历史上从没有人知道过的事情。英国传记作家彼得·阿克罗伊德（Peter Ackroyd）推测，艾萨克·牛顿可能就体会过这种感觉，这或许可以解释为什么他在25年后才告诉别人发现万有引力定律和运动定律。但德拉戈根本没有这种感觉，他太忙了，除了筋疲力尽，什么也感觉不到。除了太忙，德拉戈还以为公众对这一发现没有丝毫的兴趣。但他大错特错了。

尽管每个人都宣誓要保守秘密，但当涉及来自16个国家的大约1000人时，就变得很难；由于需要通知团队以外的人员，保密任务难上加难。仅凭信号到达汉福德和利文斯顿之间的时间差，无法精确地推断出引力波源在天空中的位置，但可以将这个位置缩小到天空中相对狭窄的一个范围。世界各主要天文台的天文学家都接到了请求他们用望远镜扫视这一区域范围的通知，看看能否发现在9月14日前后天空中出现的任何不寻常的东西。

重大发现的传闻不可避免地在科学界流传开来。9月25日，亚利桑那州立大学的劳伦斯·克劳斯（Lawrence Krauss）在推特上写道："有传言说在LIGO探测器上发现引力波的信号了。如果这是真的，那也太神奇了。如果再有新的进展，我将发布详细信息。"这条推文促使记者们开始给参与合作的人打电话。德拉戈说："这让所有人都有点心烦意乱。"

LIGO的阿根廷裔美国发言人加布里·冈萨雷斯（Gabriela Gonzalez）对此感到失望。早在9月16日，德拉戈第一次看到信号的第二天，冈萨雷斯和4名同事就给LIGO-Virgo的合作项目团队成员发了电子邮件："我们想提醒大家的是，一定要对外严格保密。"对冈萨雷斯来说，过早宣传是个大问题，因为在宣布结果之前，必须对科学成果进行确认。没有人想要在发布之后收回声明说是搞错了，让自己难堪。当记者们询问时，得到的都是相同的答复："我们需要花几个月时间分析、解读数据的前景和背景，目前无可奉告。"

2016年初，德拉戈于2015年9月12日首次看到的信号被命名为GW150914。在团队之外，发现了某种重要东西的兴奋情绪正在逐步高涨。1月11日，克劳斯在推特上说："我发过的关于LIGO的传言已经被独立的消息来源证实了。敬请期待！引力波可能已经被发现了！真是令人兴奋！"毫不奇怪，LIGO团队中的许多人都认为克劳斯是在厚颜无耻地抢风头。

2月8日，就在宣布将于2月11日星期四举行新闻发布会时，人们的兴奋达到了顶点。《物理评论快报》与发布会在同一时间发表了这一发现的论文。[6]

新闻发布会在华盛顿国家新闻俱乐部举行，于美国东部时间上午10点30分开始，现场提供了关于该项目的简短介绍和视频，帕萨迪纳加州理工学院的理论家基普·索恩（Kip Thorne）和麻省理工学院的赖纳·韦斯也都坐在台上。在过去的几十年里，虽然有1000多人参与了这个项目，但一般认为韦斯和索恩是LIGO的创始人。

LIGO副主任大卫·雷泽（David Reitze）站了起来，身后的电视屏幕显示了两个黑洞的模拟图像。他打量着期待的听众，故意停顿了一会儿，想制造点气氛，然后才开始说："女士们、先生们，我们已经探测到了引力波！我们做到了！"

"项目组中的很多人都曾怀疑引力波到底能否被测到。那东西应该非常微弱、极端渺小，可能永远都看不到，"韦斯说，"实际上这东西可大了，不用费多大力气就能看到。我一直告诉人们，我现在就想见见爱因斯坦！”

公众的兴趣完全超出了德拉戈的想象。在爱因斯坦预测引力波100年后，引力波的发现成为了重大的国际事件，难怪公众的情绪如此高昂。科学获得了全新的感官，就好比天生耳聋的人突然在一夜之间能听到声音了，这就是物理学家和天文学家的感受。从古到今，他们都是用眼睛和望远镜“看”宇宙的，而现在，他们第一次“听”到了宇宙。引力波就是“宇宙的声音”。

科学发现经常被媒体大肆宣传甚至炒作，但可以确定，自1609年伽利略将新奇的望远镜对准天空以来，2015年9月14日对引力波的探测是天文学最重大的发展。

德拉戈是历史上第一个目睹引力波识别标志信号的人。在他打开那封电子邮件之前，引力波已经在太空中传播了13亿年，没有人知道它的存在。“如果那天我先去吃午饭，而不是查看邮件的话，”德拉戈说，“第一个看到信号的就应该是别人，而不是我了。”

德拉戈坦率地承认，他是碰巧在正确的时间出现在了正确的地点。德拉戈说：“克里斯托弗·哥伦布（Christopher Columbus）抵达美洲大陆，成为第一个发现美洲大陆的人显然也是碰巧。大家都知道，任何事情要想取得成功，都需要很多人的共同努力，美洲大陆的发现如此，引力波的发现亦如此。就哥伦布而言，其成功与整艘船的船员是分不开的。”

o o o

2015年9月14日，两个黑洞合并产生的引力波使地球为之荡漾。这两个黑洞是两颗大质量恒星超新星爆发后的遗迹。似乎近于怪论的是，当这样一颗恒星爆炸时，其核心会向内聚爆。事实上，内爆被认为是导致爆炸的原因。随着恒星核心坍缩的失控，引力不断增大，直到变得大到任何东西、甚至光都无法逃脱时，黑洞诞生了。

从本质上讲，黑洞又黑又小。因此，虽然事件视界望远镜通过遍布全球的射电天线网即将获得人马座A*的首张图像，但至今还没有人亲眼看到过它。人马座A*是银河系黑暗中心的一个相当于430万倍太阳质量的超大质量黑洞。[7]

黑洞存在的证据必然是间接的：通常观察到的是一颗或多颗恒星正以高得难以置信的速度绕着看不见的天体旋转。然而，2015年9月14日发现的引力波改变了这一切。由于这两个信号的特征与爱因斯坦的引力理论所预测的黑洞合并完全一致，因此确凿地证明了黑洞的存在。[8]

神奇的是，黑洞这个爱因斯坦并不相信的广义相对论的预测却被引力波证实了；而引力波是他确实相信的预测（或者说，他开始是相信的，后来不相信了，然后又再次相信了）。

2015年9月14日，LIGO截获的引力波信号来自2个巨大的黑洞，分别是太阳质量的29倍和36倍。在超新星爆发时，大部分恒星物质被抛入太空，只有相对少量的残余物质最终被吸进黑洞。事实上，根据天体物理学家的估计，这两颗生成黑洞的恒星质量至少是太阳的300倍。这样的恒星非常罕见，几乎不存在。然而，从理论上讲，有强有力的理由相信，大爆炸后形成的第一代恒星（我们的太阳是由前两代恒星的残骸衍生出的第三代恒星）比今天的类太阳恒星大得多。[9]如果LIGO探测到的黑洞真是最早一批恒星的遗迹，那就太神奇了！就好比走在伦敦的牛津街上，在熙熙攘攘的购物人群中突然发现了2个奇迹般幸存下来的罗马军团的士兵。要知道，自公元410年之后，罗马帝国的士兵们就已不复存在了。

这2个黑洞完全有可能相互绕行了几十亿年，其间一直在发射引力波。这些引力波消耗了二者的轨道能量，导致2个黑洞逐渐盘旋到了一起。在这期间，只有最后的十几次相互盘绕引起足够剧烈的时空扰动，产生的引力波才强大到能够被地球上的探测器探测到。这最后的十几次盘绕，每一次持续的时间只有1%秒左右。

这1/10秒长的引力波脉冲已经传播了13亿年，但是如果LIGO探测器晚启动1个月，就有可能错过这次机会。合作项目组似乎非常幸运，但是物理学家并不相信运气。LIGO在仪器启动后这么快就捕获了猎物，这一事实只能说明，黑洞合并是很常见的现象。事实证明，确实如此。

自从第一次发现黑洞合并以来，人们又发现了另外8起黑洞合并事件。最重要的是，在2017年8月17日探测到2颗中子星合并后产生的更弱、更持久的引力波脉冲。这样的恒星也是由超新星爆发而产生的。当恒星的核心质量不足以让引力把它一直挤压成黑洞时，就形成了中子星。一般来说，中子星的大小相当于珠穆朗玛峰，但密度非常高，只有一块方糖大小的中子星物质的重量就相当于地球上现有人类的总重量。

中子星有别于黑洞的关键之处在于，它不仅是时空的无底洞，而且是由真实的物质构成的天体。除了引力波，黑洞合并什么也不会产生，因为附近的所有物质在很久以前就被2个黑洞清理干净了；而中子星合并不仅产生引力波，而且会产生一个由极热的物质构成的火球。在2017年8月17日之后的几天里，大约70架对不同类型的光敏感的地面和太空望远镜观测到了火球的辐射，最重要的是发现了高能γ射线的强烈闪光。这一下子就解开了好几个宇宙之谜。[10]

比如20世纪60年代末，美国将卫星发射到轨道上，试图探测苏联秘密核试验产生的γ射线。令他们惊讶和意外的是，大约每天都能探测到一次γ射线，但不是从地面发射上来的，而是从太空中投射下来的。这些γ射线暴源（gamma ray burster）的发现直到20世纪80年代才透露给天文学界，而直到90年代，人们清楚地认识到γ射线暴源距离地球非常遥远时，才有人提出最常见的γ射线暴源可能是2颗中子星合并的结果。2017年8月17日，人们从引力波源中发现了γ射线爆发有力地证实了这一理论。

这次观测到的γ射线也揭示了一些其他东西。不同原子的原子核会以不连续的能量产生γ射线，这为每种原子提供了独特的指纹。天文学家这一次看到的γ射线是突然出现的金子的指纹，在这个火球里锻造出的金子的质量大约是地球质量的20倍。

天文学家早就知道，所有比氢和氦重的元素都是在恒星的核聚变炉中形成的。当恒星爆发时，会把这些元素喷洒到太空中，从而被纳入一代接一代的恒星中。尽管核天体物理学家已经成功地确定了几乎所有92种自然存在的元素的起源，但并不清楚金元素是哪里来的。现在，他们终于知道了。身边常见的物质与遥远的宇宙之间，还会有更惊人的联系吗？如果你有一枚金戒指或一条金项链，要知道，其中的原子都是在2颗中子星的灾难性合并中锻造出来的。而且，那次合并出现的时间远比地球的诞生更久远。

LIGO-Virgo团队曾预测，探测器的灵敏度将在2017年首次达到探测中子星合并信号的水平。事实证明，他们的预测是正确的。然而，该团队并没有预料到的是存在着一种威力大得多的黑洞的合并，大到灵敏度较低的2015年的探测器也可以轻易地发现。

所有的发现都是用一种超凡的仪器完成的。尽管传说中每个LIGO站都有1把由激光制成的4000米长的“尺子”，通过尺的伸缩探测路过的引力波。但实际上每个站点的“尺子”都是2把，被称作“干涉仪”的双臂，呈“L”状排列。之所以称之为干涉仪，是因为LIGO利用干涉现象测量光通过的路径的微小变化。

当两列波（可以是光波、水波或其他任何形式的波）相遇时，如果一列波的波峰与另一列波的波峰重合，则两个波峰相互增强，这称为相长干涉；如果一列波的波峰与另一列波的波谷相遇，则两者相互抵消，这就是所谓的相消干涉。

在LIGO的每个站点，一束激光被一分为二。一半通过干涉仪的一条真空管臂，另一半通过另一条真空管臂。在每条臂的末端都有一面悬空的镜子将光线反射回来，使这两束激光叠加起来，然后测量光的亮度。关键是，如果其中一条臂相对于另一条被拉伸，则这两列光波就不会精确同步。这时，如果其中一列波的波峰错开到与另一列波的波谷重合的程度，两列光波就会相互抵消，测量到的亮度就会下降到零。事实上，这两列光波哪怕只有微小的失调，也会在干涉时使光的亮度发生明显的变化。于是采用这种方法，通过激光相遇时在波长上相对位置的微小改变，可以分辨出一条臂相对于另一条臂非常小的长度变化——对于4000米长的激光臂来说，可以测到千分之一毫米的变化。

虽然测量4000米长的激光臂上如此小的变化已经让人感到够神奇了，但是在2015年9月14日探测到的引力波需要测量的变化更加微小。每条臂交替伸缩的距离不是以千分之一毫米计算的，而是以单个原子直径的一亿分之一来计算的。当你意识到1000万个原子首尾相连才能有一个打印出来的小数点那么大时，你才会赞叹引力波探测所取得的惊人成就。① “信号是无穷微弱的，来源是巨大的，仪器的敏感性是极精准的，回报是巨大的。”珍娜·莱文（Janna Levin）在《黑洞蓝调》（*Black Hole Blues*）一书中写道。[11]

① 爱因斯坦预测了激光的存在。用爱因斯坦的一种预测（引力波）证实了爱因斯坦的另一种预测（黑洞），使用的依然是根据爱因斯坦预测（激光）制成的仪器，这是多么令人震惊啊！

就LIGO取得成果的分量而言，2017年的诺贝尔物理学奖授予了发现引力波的LIGO团队绝非偶然。韦斯、索恩和苏格兰实验物理学家罗纳德·德雷弗（Ronald Drever）被认为是LIGO的三位创始人。德雷弗患有阿尔茨海默病，住在格拉斯哥附近的一家养老院，[12]不幸的是，就在诺贝尔奖颁奖的前几个月，他去世了。

现在，人们的目标不仅是提高LIGO探测器的灵敏度，而且是在全世界范围内启用更多的探测器，以便更好地定位引力波爆发的源头。欧洲的Virgo仪器在LIGO之后不久就开始运作，共同做出了一些发现，如中子星的合并，日本的神冈引力波探测器（Kamioka Gravitational Wave Detector）将于2020年加入网络，印度的一个探测器也将于2025年加入。

中子星和黑洞的合并，并没有让曾希望能够探测到它们的LIGO和Virgo的实验人员感到惊讶。但他们为宇宙打开的那扇引力波的窗口，却为人类提供了看到没人预料到的、让人非常惊讶的东西的可能性。LIGO的物理学家、苏格兰政府的科学顾问希拉·罗文（Sheila Rowan）说："我们的千强联手国际团队做出的这些发现仅仅是个开始，未来还会有更多精彩的故事。"

从光的故事中，人们可以得到启示。从前，人类只知道用眼睛能看到光；然后人们发现，这只是电磁光谱的一小部分，除了彩虹的颜色，还有无数其他"看不见的颜色"；当人类学会用人造的眼睛观察宇宙时，看到了拥有诸如γ射线、X射线、紫外线、红外线、射电波等这样丰富多彩的宇宙。各种意想不到的事物呈现在人类面前：γ射线暴源和脉冲星、类星体和超大质量黑洞，以及大爆炸火球遗留的余晖和围绕其他恒星的行星，据最新统计，已经有4000余颗。

现在，随着LIGO和Virgo的成功，人类正站在天文学新纪元的黎明。韦斯说："我们知道黑洞和中子星，但我们更希望通过它们发射的引力波，进一步看到其他现象。"

这就好像人类曾经是聋人，现在获得了听觉，但刚获得的听觉还比较粗糙和原始。目前，将已有的"听力"发挥到极致，人类能听到的声音相当于远处隆隆的雷声，但还听不到类似鸟鸣、婴儿啼哭或美妙音乐的宇宙之声。当LIGO和Virgo以及世界各地的其他引力波设备的灵敏度获得提高之后，谁能预知当人类聆听宇宙的交响乐时，还会发现什么奇妙的事情呢?

第 10 章

逻辑思想的诗篇

真正的哲学是写在那本经常在我们眼前打开的最宏大的书里面的，这本书就是宇宙，就是自然界本身。人们要想读懂这本书，首先就要理解书写它的语言、解读其中的字符。书写自然这本书的语言就是数学。

数学语言在表述物理法则时表现出的恰当性就是一个奇迹，是一个我们既未能真正理解，也受之有愧的奇妙天赐。

——尤金·维格纳（Eugene Wigner）

纯粹数学，就其本质而言，是逻辑思想的诗篇。

——阿尔伯特·爱因斯坦（Albert Einstein）

我希望我所讲述的这些故事已经描绘了科学所拥有的核心魔力——能够预测事物存在的能力。只要人们去寻找，这些事物就会在现实世界中出现。这种能力如此神奇，就连科学界的大咖也很难相信。如前文所述，史蒂文·温伯格在他的《最初三分钟：关于宇宙起源的现代观点》一书中思考了这个问题：为什么物理学家很难相信从自己的理论中得出的预测。[1]令他困惑不解的是关于宇宙的诞生，为什么人们忽视了1948年对大爆炸余晖所做出的预测，为什么1965年宇宙背景辐射（cosmic background radiation）的发现出于偶然？“问题并不是因为我们太重视自己的理论，”温伯格总结道，“而是因为我们重视得还不够。”

我们很容易明白为什么物理学家很难相信他们自己的理论。毕竟，涂写在黑板或白板上的神秘数学公式怎么可能与现实世界中的真实事物有任何关联呢？宇宙中的东西怎么可能有一个数学孪生兄弟，在这里尽心尽力地模拟它呢？

即使对于身处17世纪的伽利略来说，这个非凡的事实也是显而易见的：“真正的哲学是写在那本经常在我们眼前打开的最宏大的书里面的，这本书就是宇宙，就是自然界本身。人们要想读懂这本书，首先就要理解书写它的语言、解读其中的字符。书写自然这本书的语言就是数学，其中的字符就是三角形、圆形以及其他几何图形。没有这些字符，人类就不可能理解自然这本书；没有这些字符，人类就会在黑暗的迷宫中徘徊。”[2]

艾萨克·牛顿生于伽利略去世的那一年，运用精确的数学公式成功地表述了运动定律和万有引力定律。在这之后的岁月里，数学在描述更大范围的物理现实方面取得了越来越多的成功。19世纪麦克斯韦的电磁学方程、20世纪的量子理论方程以及爱因斯坦的广义相对论都是成功运用数学的极好例证。

毫无疑问，数学与实体宇宙之间存在深层联系的最有力的例证就是狄拉克方程。方程对电子的描述统一了量子理论和爱因斯坦的狭义相对论，尽管这纯粹是出于数学上的一致性而凭空想象出来的，但狄拉克方程不仅预测了量子自旋的存在，而且预测了反物质宇宙的存在。狄拉克和其他人一样对这种联系感到惊讶，他推测：“上帝用美妙的数学创造了世界。”[3]

在20世纪30年代，尤金·维格纳（Eugene Wigner）撰写了一篇著名的论文，题目为《数学在自然科学中不合理的有效性》（*The Unreasonable Effectiveness of Mathematics in the Natural Sciences*）。他写道：“数学在自然科学中的巨大作用近于神秘，并且找不到合理的解释。”[4]

爱因斯坦应和了维格纳的想法。“怎么可能呢？”爱因斯坦问道：“毕竟数学是人类思想的产物，独立于经验之外，怎么能与现实的对象如此拟合呢？”[5]他还说过一句名言：“世界上最不可思议的事情就是这个世界是可理解的。”他所说的“可理解的”是指数学上的可理解性。

“我们的工作是一场令人愉快的游戏，”因提出物质的终极构件——夸克——的存在而获得诺贝尔奖的默里·盖尔曼说，“我常常惊讶地发现，计算结果往往是对实验结果的正确预测。写下一些简洁而优雅的公式，就像那些被严格规则约束的短诗，比如十四行诗或日本和歌，怎么就能预测自然的普遍规律呢？”[6]

那么，为什么数学在自然科学中如此不合理地有效呢？为什么宇宙是数学的？首先要说的是，并非所有人都相信这些问题是成立的。符号操作程序软件Mathematica的创造者、亿万富翁斯蒂芬·沃尔夫勒姆（Stephen Wolfram）认为，宇宙不是数学的，只是看起来像数学的。

沃尔夫勒姆指出，宇宙中发生的大多数事情，比如大气中的湍流和生物体，都太复杂了，无法用数学物理方法加以概括。大多数物理学家会争辩说：“这是因为目前缺乏足够复杂的数学工具，不能解释只是暂时的，总有一天我们能获得这样的工具。”沃尔夫勒姆表示不敢苟同。他认为，人类无法用数学来描述湍流和生物体这样复杂现象的原因是这些东西本来就是不能用数学描述的。

根据沃尔夫勒姆的说法，现在我们所处的状况就像是醉汉半夜在街上寻找丢失的车钥匙。醉汉只能看到街灯下有光亮的地方，没有别的原因，因为那是他唯一能看到的地方。同样地，沃尔夫勒姆声称，我们用数学来描述宇宙中唯一可以用数学描述的部分。

20世纪，英国的数学家、哲学家伯特兰·罗素（Bertrand Russell）的意见与沃尔夫勒姆的观点不谋而合。“物理是数学的，”他说，“不是因为我们对物理世界知道得太多，而是因为我们知道得太少。我们只能发现物理的数学性质。”美国物理学家珀西·布里奇曼（Percy Bridgman）也说了类似的话：“数学是人类的发明，这是不言而喻的事实，稍加观察就会明白这一点。”[7]亚瑟·斯坦利·爱丁顿是这样说的：“在我们达成共识之前，数学是不存在的。”

正如沃尔夫勒姆所说，毫无疑问，宇宙即便不是基于数学的，它的所作所为也绝不是随机的，而是存在某种规律性，存在比数学方程更基本的规则。它们就类似计算机程序，沃尔夫勒姆认为，正是这些程序在编排我们在宇宙中看到的一切。这些程序是递归的，意味着它们会把输出作为输入，不断地反馈回来成为新的输入，就像贪吃蛇那样。在20世纪80年代早期，沃尔夫勒姆曾在第一代个人电脑上尝试过这种简单的程序，并发现这些程序有时会产生无限的复杂性和创造性。这个发现如此惊人，他想知道这是否可能就是大自然如何创造玫瑰、新生婴儿或星系的秘密。

通常获得此类程序结果的唯一方法是先运行程序，然后看到结果。根据沃尔夫勒姆的说法，宇宙中发生的大部分事情都是如此，他称之为计算不可化归的（computationally irreducible）程序。但是，对于程序的一个小子集，可以在运行之前就发现其结果。沃尔夫勒姆把这些程序称为计算可化归的（computationally reducible）程序。能够预测其结果的特殊捷径就是数学物理方法。

大多数物理学家不同意沃尔夫勒姆的观点，认为宇宙确实是数学的。所以问题仍然是：为什么数学在自然科学中如此有效？为什么科学的核心魔力会起作用？这些年来，有很多人试图回答这些问题。瑞典裔美国物理学家马克斯·泰格马克（Max Tegmark）的回答因为涉及多重宇宙，格外引人注目。

近年来，来自多方面的证据表明，宇宙并不是唯一的。例如，宇宙诞生于138.2亿年前，这一事实意味着我们只能看到那些光到达地球所用时间不到138.2亿年的星系。因此，可观测的宇宙被像肥皂泡薄膜一样的视界所限制，位于视界之外的那些星系，它们的光还没有到达这里。换句话说，还有其他的宇宙（可能有无数个，就像我们的可观测宇宙），有着不同的恒星和星系。这些宇宙的集合被称为多元宇宙

（multiverse）。

除了这种微不足道的多元宇宙，物理学家有理由相信可能还有其他拥有不同维度、不同物理定律等诸如此类的宇宙。还没有人知道这些多元思想是否相融，这是一种新兴的范式。

泰格马克将此想法归结为一个符合逻辑的结论，并暗示可能存在宇宙的终极合奏（ultimate ensemble），所有的数学都能找到对应其逻辑的宇宙。例如，有仅包含平面空间（或称为欧几里得几何）的宇宙，还有仅包含算术的宇宙，诸如此类。在大多数这样的宇宙中什么都没有发生，因为规则太简单了，无法创造出任何复杂的东西。只有在数学像万有理论一样复杂的宇宙中，才有可能出现复杂的事物，例如恒星、行星和生命。根据人择原理的颠倒逻辑，我们发现，自己置身于当前宇宙中的原因是，在任何更简单的宇宙中，我们都不会出现，从而注意到这一事实。

泰格马克声称，数学在物理科学中不合理地有效，原因很简单：因为数学就是物理学。他说："成功的理论不是用数学估计物理现象，而是用数学估计数学。"[8]海因里希·赫兹在150年前也有过类似的想法："人们不得不认为，这些数学公式是独立存在的，有自己的智慧，比我们更有智慧，甚至比发现它们的人更有智慧。"

许多物理学家争辩，存在一个包含无穷多个宇宙的多元宇宙，其中大多数宇宙完全无趣。证明维格纳所说的数学有效性要付出高昂的代价，但很多人会坦然接受不需证明，相信出于某种神秘的原因，宇宙似乎是一种潜在数学结构的体现。科学作家格雷姆·法米罗（Graham Farmelo）在他的书《宇宙以数字说话》（*The Universe Speaks in Numbers*）中概述了有力的证据。法米罗说，不仅数学为物理学提供了深刻的见解，而且物理学也为数学提供了启示，二者是相互作用、相互影响的。这方面最突出的例子是弦理论。该理论认为，物质的基本构件不是像点一样的粒子，而是在十维时空中振动的质能弦。虽然这个理论还没有为物理学做出任何可测试的预测，但已经为纯数学的探索打开了全新的视角。

泰格马克和沃尔夫勒姆对数学不合理有效性的解释并不是唯一的。已故的美国物理学家维克多·斯坦格（Victor Stenger）喜欢说，我们发现的物理学实际上只不过是虚无的物理学。

1918年，埃米·诺特（Emmy Noether）证明，伟大的物理学守恒定律仅仅是深度对称性的结果。例如，表述为能量既不能被创造，也不能被毁灭的能量守恒定律，本质上是时间平移对称性（time-translation symmetry）的结果，表明实验的结果并不取决于实验的时间。动量守恒定律则是空间平移对称的结果，体现了实验结果并不取决于实验在空间中的位置，无论实验是在伦敦，还是在纽约进行，实验结果都应该一样。“如果数学是自然的语言，那么对称性就是这种语言的语法。”吉安·弗朗西斯科·朱迪斯（Gian Francesco Giudice）说。[9]斯坦格指出，这些对称性的惊人之处在于，它们也是一个完全空无一物的宇宙的对称性。毕竟，在没有特征的空间里，每一段时间都和其他时间完全一样，每一个位置也和其他位置完全一样。

除了这种全局对称性外，我们的宇宙还保持着局部对称性。正如前面所解释的，自然基本力的存在只是为了确保这种局部的规范不变性在空间和时间的任何地方都得到执行。[10]这些局部的对称性就像宇宙的全局对称性一样，也是空无一物的空间的对称性。

当然，除了那些仅体现深层对称性的基本定律，还有其他一些自然的基本定律。然而，英国化学家彼得·阿特金斯（Peter Atkins）指出，这些定律也同样源于虚无，或者至少它们并不像人们第一眼看上去的那样。

以众所周知的折射定律为例。该定律规定了光穿过玻璃等介质的路径。事实证明，还有另外一种完全等效的方法来确定光所走的轨迹：光沿着所用时间最短的路径运动。稍加思索，我们便可知道，光可能做到这一点的唯一方法就是尝试通过所有可能的路径（例如，一块玻璃）来确定最快的路径。看起来很疯狂，但光就是这样做的。

最重要的是，不要忘了光是波。现在，假设穿过一块玻璃的光在尝试通过A点和B点之间所有可能的路径。因为光的波长很小，所以，沿着相邻路径传播的光，彼此之间在波峰和波谷的位置方面会有很大的差别。事实上，对于每条路径都存在着一条相邻的路径，使得两束光的波峰、波谷相重合。因此，它们相互抵消。唯一不受这种相消干涉的路径是最短时间路径。

从某种意义上说，真正的折射定律就是没有定律。光沿着所有可能的路径传播，被动的干涉现象剔除了除最短路径之外的所有路径。根据阿特金斯的观点，自然的折射定律不过是懒惰的或好逸恶劳的定律。

光所经过的路径似乎没有更多的意义，但实际上是有的。原因是在量子理论（对原子及其构成成分的微观世界的最好描述）中，物质的构造块的行为由波函数来描述。根据薛定谔方程，波函数遍布整个空间，并且在波动强烈或振幅大的地方找到粒子（比如电子）的概率高，而在波动弱的地方找到粒子的概率低。

在理查德·费曼提出的对量子理论多重历史的诠释中，在A点和B点之间移动的粒子会尝试所有可能的路径。就像在光的例子中，干涉选择了单一路径。这不是花费时间最少的方法，而是付出作用量（action）[①]最少的方法，但原则是一样的。就像光折射的例子一样，

① 在物理学中，作用量是指包含粒子的势能和动能的量。

自然定律只不过是懒惰的定律。

因此，不仅如斯坦格所说，许多物理学定律与虚无定律相同，而且如阿特金斯所说，剩下的那些定律也是虚无或者懒惰的产物。阿特金斯说："虚无是最卓有成效的东西。在虚无无限的边界之内潜藏着一切，但它只是潜伏着，完全未变成实现。"[11]

即使我们生活在一个定律与空虚的宇宙相同的宇宙中，仍然存在一个棘手的问题：为什么我们确实生活在一个混乱的宇宙中，而不是生活在一个虚空的宇宙中？答案当然是，没人知道。

至于科学的核心魔力，我们在理解方面取得了哪些进展呢？回顾保罗·穆丁和露易丝·韦伯斯特发现天鹅座X–1的事，也就是1971年银河系中的那个第一个候选黑洞，这种实体的存在是由卡尔·史瓦西在1916年预测的。当时，史瓦西在东部前线，死于一种自身免疫系统疾病，皮肤上覆盖着顽固的、令人痛苦的水疱。和所有其他证实科学预测的科学家一样，穆丁对自己的发现也很惊讶。"令人惊讶的是，黑洞竟然是真实的物体。"穆丁说，"真是令人难以置信，它们竟然存在！"事实上，物理学家们对数学不合理的有效性和不可思议的科学预测能力充满疑惑，就像奥本·勒维耶那个时代一样。核心魔力一如既往地令人感到惊奇，也令人感到费解。

全书完

注释

引言：科学的核心魔力

1.《掠过的影子》（*A Shadow Passes*），伊登·菲尔波茨著〔引自哈里·宾厄姆的小说《菲奥娜·格里菲思的离奇死亡》（*The Strange Death of Fiona Griffiths*）〕。

2.《祖先的故事：生命起源的朝圣之旅》（*The Ancestor's Tale: A Pilgrimage to the Dawn of Evolution*），理查德·道金斯著（伦敦：魏登费尔德&尼科尔森出版社，2005年）。

3.《扔一个苹果到宇宙边缘》（*The Ascent of Gravity: The Quest to Understand The Force that explain Everything*），马库斯·乔恩著（伦敦：魏登费尔德&尼科尔森出版社，2017年）。

4.《生物学家的思考》（*Pens'ees dun biologiste*），让·罗斯丹著，1939年。

第1章　未知世界的地图——海王星

1.《归纳科学的哲学》（*Philosophy of the Inductive Sciences*）第2卷，威廉·胡威立著（1847年，第62页）。

2.《天文爱好者指南》（*Astronomy for Amateurs*）（1915年），卡米尔·弗拉马里翁著（白鱼：克辛格出版社，2008年，第171页）。

3.《海王星：论述与历史》（*The Planet Neptune: An Exposition and History*），约翰·普林格·尼科尔著（白鱼：克辛格出版社，2010年，第90页）。

4. 85岁的威妮夏·伯尼谈起她11岁时是如何给冥王星取名字的：https://www.nasa.gov/mp3/141071main_the_girl_who_named_pluto.mp3。

5.《太阳系中有一颗遥远巨行星的证据》（*Evidence for a Distant Giant Planet in the Solar System*），迈克·布朗和康斯坦丁·巴蒂金（《天文学》杂志，第151卷，2016年1月20日，第22页）。

第2章　超链接世界的诞生——电磁波

1.《费曼物理学讲义》（*The Feynman Lectures on Physics*）第2卷，理查德·费曼、罗伯特·莱顿和马修·桑兹编著（波士顿：艾迪逊-维斯利出版社，1989年）。

2.《世界上第一张彩色照片——詹姆斯·克拉克·麦克斯韦的格子呢缎带照片的动画再现》（*Tartan rosette: an animated recreation of James Clerk Maxwell's "Tartan Ribbon" photograph, the world's first colour photograph*），罗恩·佩西格和大卫·皮科克（詹姆斯·克拉克·麦克斯韦尔基金会：https://vimeo.com/130333096）。

3. 由于工程师乔治·斯蒂芬森（George Stephenson）在同一年做过类似的设计，安全灯的发明引发了一场优先权争议。

4. 欧内斯特·卢瑟福（Ernest Rutherford）也有过类似的经历，考试时，其总是名列第二。在竞争令人垂涎的1851年英国大博览会奖学金时，他输给了一个新西兰人。但是，在最后一刻，那个刚结婚的家伙决定在奥克兰接受一个收入不错、工作稳定的政府职位。卢瑟福在纳尔逊附近的家庭农场地里挖土豆时，听到了这个好消息。卢瑟福，这位20世纪最伟大的实验物理学家，直到晚年才站在世界科学的巅峰。想到自己的人生差一点就走上了另一条路，他可能会潸然泪下。

5. 在《弗兰肯斯坦》中，玛丽·雪莱实际上是把汉弗莱·戴维作为沃尔德曼（Waldman）教授的原型了。维克多·弗兰肯斯坦和沃尔德曼在巴伐利亚的因戈尔施塔特大学进行研究。沃尔德曼教授的演讲与戴维在1802年的“化学讲座”非常相似，激发了弗兰肯斯坦探索生命秘密的热情。

6. 1814年6月，法拉第和戴维在意大利遇到69岁的伏特时，这位伟人送给法拉第一块电池。

7. 《法拉第的笔记：电磁旋转》（英国皇家学会：http://www.rigb.org/docs/faraday_notebooks__rotations_0.pdf）。

8. 正是詹姆斯·克拉克·麦克斯韦把安培称为“电学中的牛顿”，这主要是因为这位法国人提出了一种描述“电流元素”之间电力的定律，其原理与牛顿提出的质量之间的万有引力定律非常相似。

9. 1845年11月13日，法拉第写给克里斯蒂安·申宾（Christian Schonbein）的信，见《法拉第和申宾的信函》（*The Letters of Faraday and Schoenbein*，1836—1862），1899年，第148页。

10. 1899年，南肯辛顿博物馆更名为维多利亚和阿尔伯特博物馆（the Victoria and Albert Museum）。

11.《狂热的追求：科学发现之我见》（*What Mad Pursuit: A Personal View of Scientific Discovery*），弗朗西斯·克里克著（纽约：基本图书公司，1990年）。

12. 现在改名为皇宫花园台16号（16 Palace Gardens Terrace）。

13. 肉芽肿性多血管炎（韦格纳肉芽肿）：https://www.NHS.uk/conditions/Granulomatosis-with-polyangiitis/。

14.《从现代通信的视野看海因里希·赫兹在卡尔斯鲁厄的无线电波实验》（*The Heinrich Hertz Wireless Experiments at Karlsruhe in the View of Modern Communication*），D. 希肯和W. 维斯贝克著（卡尔斯鲁厄大学，1995年10月）。

15.《动态场与波》（*Dynamic Fields and Waves*），安德鲁·诺顿著（博卡拉顿：CRC出版社，2000年）。

第3章　镜子啊，墙上的镜子——正电子

1.《20世纪物理学家的自然观》（*The Physicist's Conception of Nature: Symposium on the Development of the Physicist's Conception of Nature in the Twentieth Century*），贾格迪什·梅拉主编（施普林格出版社，1973年，第271页）。

2.《保罗·狄拉克：物理学中最纯净的灵魂》（*Paul Dirac: The Purest Soul in Physics*），迈克尔·贝里著（《物理世界》，1998年2月1日：https://physicsworld.com/a/paul-dirac-the-purest-soul-in-physics/）。

3. 罗伯特·安德鲁斯·密立根是一位颇有争议的科学家。1953年他去

世后，许多人对他提出了指控。有人说他是个厌恶女人的人，是个反犹太主义者；也有人说密立根在测量电子电荷的著名滴油实验中，丢弃了与假设不符的数据，纯属科学欺诈。密立根作为那个时代的人，他的思想可能与前两项指控相符，但最后一项指控可能站不住脚。〔《为罗伯特·安德鲁斯·密立根辩护》（*In Defense of Robert Andrews Millikan*），大卫·古德斯坦著，《工程与科学》杂志，第63（4）卷，第30页；http://calteches.library.caltech.edu/4014/1/Millikan.pdf〕。不过，密立根在对测量电子上的电荷量这件事上依然不够道德。这项实验的操作是由研究生哈维·弗莱彻进行的，他发现了两件事：电子带电量和被称为布朗运动的效应（即当电场平衡重力时，空气分子会撞击悬浮在半空中的油滴）。弗莱彻想把一篇论文用作博士毕业论文，而署名只能是他自己。于是，密立根把布朗运动的结果给了弗莱彻，把电荷测量的结果留给了自己。事实证明，密立根是对的。当他因获得诺贝尔奖而声名大噪时，弗莱彻却被人遗忘了。

4. 由约翰·格林伯格采访塞斯·尼德迈耶（1907—1988）（1984年5月7日，加州理工学院档案馆：http://oralhistories.library.caltech.edu/199/1/neddermeyer_oho.pdf）。
5. 由哈里特·莱尔采访卡尔·安德森（1905—1991）（1979年1月9日—2月8日，加州理工学院档案馆：http://oralhistories.library.caltech.edu/89/1/oh_anderson_c.pdf）。
6. 《1932—1933年的回忆》（*Recollections of 1932–33*）（《工程与科学》杂志，第46卷，第2期，第15页：http://calteches.library.caltech.edu/3353/1/Recollections.pdf）。
7. 现在，我们知道宇宙射线是来自太空的高能原子核，主要是氢原子核。能量较低的粒子来自太阳，而高能粒子则来自太空。其中一些高能粒子的能量是日内瓦附近的大型强子对撞机等加速器所能达到的能量的几千万倍。2018年发现的一个河外源是由超大质量黑洞驱动的耀变体星系TXS 0506+056〔“在冰立方-170922A警报发出之前，耀变体星系TXS 0506+056方向的中微子发射”，由冰立方公司提供（2018年7月23日；https://arxiv.org/pdf/1807.08794.pdf）〕。

8.《可能存在的中子》（*Possible Existence of a Neutron*），詹姆斯·查德威克著（《自然》杂志，第129卷，1932年2月27日，第312页）。

9.《天地有大美》（*It Must Be Beautiful: The Great Equations of Modern Science*），格雷姆·法米罗主编（伦敦《格兰塔》杂志，2002年）。

10.《量子怪杰》（*The Strangest Man: The Hidden Life of Paul Dirac, Quantum Genius*），格雷姆·法米罗著（伦敦：费伯-费伯出版社，2010年）。

11. 同10。

12. 同样在1925年，沃纳·海森堡、马克斯·玻恩和帕斯库尔·约尔当设计了量子世界的等价描述——矩阵力学。

13.《反物质》（*Antimatter*），弗兰克·克洛斯著（牛津：牛津大学出版社，2007年）。

14. 这种效应是1896年由荷兰物理学家彼得·泽曼首次发现的。根据量子理论定律，原子中的电子只能占据一组离散的轨道，每个轨道都有自己的能量。当电子从一个能级跃迁到另一个能级时，发出或吸收的光子的能量等于两个能级之差。然而，泽曼发现，如果把钠这样的物质置于强磁场中，其光子的特征谱线的线条并非轮廓分明的。它们在分光镜（spectroscope）中产生的光谱线（spectral line）不是清晰的，而是模糊不清的。后来，更强大的仪器显示，这些线条裂变成了2条（或更多）。这是深奥的谜题。正如沃尔夫冈·泡利所记录的一段话："我在哥本哈根美丽的街道上漫无目的地闲逛时，遇到了一位同事。他友好地对我说：'你看起来很不快乐。'于是我烦躁地回答道：'一个人在思考反常的泽曼效应时，怎么可能快乐呢？'"然而，光谱线的分裂正是人们所期望的，如果电子是可以与磁场方向一致或相反的小磁体，这两种电子的能量略有不同。

15. 也许是1927年12月初。

16. 《电子的量子理论》（*The Quantum Theory of the Electron*），P. A. M. 狄拉克（《英国皇家学会学报》，第177卷，第778期，1928年2月1日：http://rspa.royalsocietypublishing.org/content/roypr sa/117/778/610.full.pdf）。

17. 《电磁场中的量化奇点》（*Quantised Singularities in the Electromagnetic Field*），P. A. M. 狄拉克（《英国皇家学会学报》，第133卷，第821期，1931年9月1日）。

18. 《量子力学讲义》（*Lectures on Quantum Mechanics*），普林斯顿大学，1931年10月。

19. 《标准模型》（*The Standard Model*），谢尔顿·格拉肖著（《推理》杂志，2018年；http://inference-review.com/article/the-standard-model）。

20. 《密西西比河上》（*Life on the Mississippi*），马克·吐温著，1883年。

21. 事实上，正电子的径迹早在1929年5月6日就被发现了，但还没有被识别出来。在列宁格勒，俄罗斯物理学家迪米特里·斯科别利兹一直在使用云室来研究高能γ射线，但是γ射线不仅把电子从云室中的气体原子中踢了出来，而且把电子从云室壁上的原子中踢了出来。为了消除后者对测量的干扰，斯科别利兹想到了用磁场。就在那时，他看到了无法解释的、向另一侧弯曲的径迹。

22.《天地有大美》（*It Must Be Beautiful*），格雷姆·法米罗主编（伦敦《格兰塔》杂志，2002年）。

23.《反粒子的原因》（*The Reason for Antiparticles*），理查德·费曼著（剑桥大学狄拉克纪念讲座，1986年）。

24.《保罗·狄拉克访谈录》（*Interview with Paul Dirac*），托马斯·库恩（Thomas Kuhn）在保罗·狄拉克家对其的采访，英国剑桥，1963年5月7日。

25.《美丽的数学》（*Pretty Mathematics*），P. A. M. 狄拉克著（《国际理论物理学杂志》，第21卷，第8~9期，第603页，1982年8月）。

26.《量子怪杰》（*The Strangest Man: The Hidden Life of Paul Dirac*），格雷姆·法米罗著（伦敦：费伯-费伯出版社，2009年，第435页）。

27.《物理学家的自然图景的演变》（*The Evolution of the Physicist's Picture of Nature*），保罗·狄拉克著（《科学美国人》，第208卷，1963年5月，第45页）。

28. 这是杰拉德·胡夫特和狄拉克传记作者格雷姆·法米罗之间的对话，法米罗告诉我的。

第4章　金发姑娘的宇宙——元素起源

1.《风吹到的地方是家：一位宇宙学家的生活片段》（*Home Is Where the Wind Blows: Chapters from a Cosmologist's Life*），弗雷德·霍伊尔著（加州：大学科学图书，1994年，第264页）。

2. 霍伊尔在美国执行海军部雷达公务期间，偷空追求自己天文学兴趣的行为有人注意到了。回到英国后，霍伊尔被英国驻华盛顿特区大使馆的某个人告发了，上级要求他解释访问威尔逊山天文台的原因。霍伊尔反应很快，回答说他对洛杉矶盆地众所周知的逆温现象很感兴趣。逆温现象会导致空气密度激增，可能会影响雷达脉冲的传播。这种雷达脉冲的异常传播正是他在华盛顿参加的会议的主题。通过将自己的天文之旅和自己的“职责之旅”巧妙地结合起来，霍伊尔没有受到官方的任何谴责和惩罚。

3. 事实上，1952年11月1日，在太平洋上的埃纳威塔克环礁上进行的世界上第一次大型氢弹爆炸的辐射尘中，科学家们发现了诸如锎、钚、锿和镄等重元素。

4. 保罗·梅里尔（Paul Merrill）在1952年的一个重要发现是锝在星光里的指纹。因为这种元素在几十万年内会分解或衰变，所以只有不断地制造，才能在恒星中发现锝。

5. 《恒星的化学构成》（*The Chemical Composition of the Stars*），弗雷德·霍伊尔著（《皇家天文学会月报》，第106卷，1946年，第255页）。

6. 霍伊尔甚至在他出错了的时候也被证明是对的，因为在太空中确实存在高密度的氢气。这种“巨分子云”（Giant Molecular Cloud，GMC）是恒星诞生的温床。然而，霍伊尔和利特尔顿提出了只能在威廉·海涅曼（William Heinemann）1957年写的科幻小说《黑云》（*The Black Cloud*）中才出现的云，几十年里，这种云的存在备受争议。

7. 《实验和理论核天体物理——对元素起源的探索》（*Experimental and Theoretical Nuclear Astrophysics: The Quest for the Origin of the Elements*），威廉·福勒著（获诺贝尔奖演讲稿，1983年12月8日：https://www.nobelprize.org/uploads/2018/06/fowler-lecture.pdf）。

8. 《沃德·惠林访谈录》（*Ward Whaling interviewed*），由雪莱·欧

文采访沃德·惠林（加州理工学院档案馆，1999年4至5月：http://oralhistories.library.caltech.edu/122/1/Whaling_OHO.pdf）。

9.《风吹到的地方是家：一位宇宙学家的生活片段》（*Home Is Where the Wind Blows: Chapters from a Cosmologist's Life*），弗雷德·霍伊尔著（加州：大学科学图书，1994年，第265页）。

10. 事实上，他们大约用了3个月的时间才确定准确的结果。惠林和他的团队撰写论文的时候，霍伊尔已经回到了剑桥大学，他们在论文中加上了霍伊尔的名字。“从天体物理学证据视角预测碳–12的一种状态”（A State in Carbon-12 Predicted from Astrophysical Evidence），弗雷德·霍伊尔、诺埃尔·邓巴、W. A. 温泽尔和沃德·惠林著（《物理评论》杂志，第92卷，第4期，1953年，第1095a页）。

11. 由查尔斯·韦纳采访威廉·福勒（美国物理学会，1973年2月6日：https://www.aip.org/history-programs/niels-bohr-library/oral-histories/4608-4）。

12.《什么时候预测是人择的？弗雷德·霍伊尔和7.65兆电子伏特碳共振》（*When Is a Prediction Anthropic? Fred Hoyle and the 7.65MeV Carbon Resonance*），赫尔奇·克拉夫著（丹麦奥胡斯大学，2010年5月：http://philsci-archive.pitt.edu/5332/1/3alphaphil.pdf）。

13.《恒星中元素的合成》（*Synthesis of the Elements in Stars*），玛格丽特·伯比奇、杰弗里·伯比奇、威廉·福勒和弗雷德·霍伊尔著（《现代物理评论》杂志，第29卷，1957年，第547页）。阿拉斯泰尔·卡梅隆（Alastair Cameron）也几乎同时发表了类似的观点。《恒星中的核反应与核起源》（*Nuclear Reactions in Stars and Nucleogenesis*），阿拉斯泰尔·卡梅隆著（《太平洋天文学会会刊》，第69卷，1957年，第201页）。

第5章 幽灵猎手——中微子

1. 《第十三届中微子物理与天体物理国际会议论文集》（*Proceedings of the 13th International Conference on Neutrino Physics & Astrophysics*），雅各布·施奈普斯等人著（《世界科学》杂志，1989年，第575页）。
2. 《弗雷德里克·莱因斯》（*Frederick Reines Dies at 80; Nobelist Discovered Neutrino*），约翰·罗伯·维尔福特著（《纽约时报》，1998年8月28日：http://www.nytimes.com/1998/08/28/us/frederick-reines-dies-at-80-nobelist-discovered-neutrino.html）。
3. 《关于堪萨斯州立大学物理学家欧内斯特·福克斯·尼科尔斯（Ernest Fox Nichols）教授的演讲》（*KSU Physics Ernest Fox Nichols Lecture*），海罗德·克鲁斯著，2010年3月1日：https://www.phys.ksu.edu/alumni/nichols/2010/kruse-lecture.pdf。
4. 《致命的遗产：地球上污染最严重的地方之一——艾肯附近的萨凡纳河遗址》（*Deadly Legacy: Savannah River Site Near Aiken One of the Most Contaminated Places on Earth*），道格·帕杜著，（《邮政快递报》，2017年5月21日：https://www.postandcourier.com/news/deadly-legacy-savannah-river-site-near-aiken-one-of-the/article_d325f494-12ff-11e7-9579-6b0721ccae53.html）。
5. 同4。
6. 转引自威廉·克罗珀（William Cropper）的《伟大的物理学家》（*Great Physicists*）（纽约：牛津大学出版社，2001年，第257页）。据说，爱因斯坦在慕尼黑一个学术研讨会上发表演讲时，泡利曾说过这句话，当时他还是一名学生。

7.《镭E衰变中释放的平均能量》（*The Average Energy of Disintegration of Radium E*），C. D. 埃利斯和W. A. 伍斯特著（《英国皇家学会学报》，第A117卷，1927年12月1日，第109页）。

8. 1930年3月10日，致奥斯卡·克莱因（Oskar Klein）的信：https://io9.gizmodo.com/the-romance-that-led-to-a-legendary-science-burn-1686216120。

9.《导致传奇科学燃烧的浪漫》（*The Romance that Led to a Legendary Science Burn*），伊瑟·英格丽斯–阿凯尔著〔美国知名科技博客小发明（Gizmodo），2015年2月17日：https://io9.gizmodo.com/the-romance-that-led-to-a-legendary-science-burn-1686216120〕。

10.《没时间说得太简短：沃尔夫冈·泡利的科学传记》（*No Time to Be Brief: A Scientific Biography of Wolfgang Pauli*），查尔斯·恩茨著（牛津：牛津大学出版社，2010年，第210页）。

11. 见沃尔夫冈·泡利1931年9月7日写给格雷戈·温泽尔（Gregor Wentzel）的信。

12. 婚姻的破裂给泡利带来了严重的影响。1930年11月26日离婚后，他向卡尔·荣格（Carl Jung）求助。这位伟大的精神分析学家立即意识到，泡利是一位学者，因整天忙于工作，而忽视了社交生活，特别是忽视了与女性的交往。然而，荣格认为泡利更需要一个女人，而不是一个男人来帮助他恢复失衡的心理，于是让自己的学生欧娜·罗森鲍姆（Erna Rosenbaum）对泡利进行观察性分析工作。当时的罗森鲍姆还是缺乏经验的分析师，她让泡利把做过的梦记录、表达出来，这样，她就可以通过梦的解析来进行治疗。但她可能后悔这么做了，因为在治疗期间，泡利一共提供给她1 300个梦的记录〔见《没时间说得太简短：沃尔夫冈·泡利的科学传记》，查尔斯·恩茨著（牛津：牛津大学出版社，2010年，第243页）〕。

13. 《量子理论的历史发展》（*The Historical Development of Quantum Theory*）第1卷，第1部分。见《普朗克、爱因斯坦、玻尔和萨默菲尔德的量子理论：理论基础及其困难的兴起（1900—1925）》（*The Quantum Theory of Planck, Einstein, Bohr, and Sommerfeld. Its Foundation and the Rise of Its Difficulties, 1900—1925*），贾格迪什·梅拉和赫尔穆特·瑞亨伯格著（海德堡：施普林格出版社，1982年）。

14. 见《1940年12月4日泡利的信：中微子的提议》：（http://www.physics.princeton.edu/~mcdonald/examples/EP/pauli_neutrino_30_english.pdf）。

15. h/2 × pi，其中h是普朗克常数，一个很小的数值，等于$6.62607004 \times 10^{-34} m^2 kg/s$。

16. 《最后一个知道一切的人》（*The Last Man Who Knew Everything*），大卫·施瓦茨著（纽约：基础图书出版公司，2018年）。

17. 《基本力》（*Fundamental Forces*）〔见"埃里克·韦斯坦因（Eric Weisstein）的物理世界"：http://scienceworld.wolfram.com/physics/FundamentalForces.html〕。

18. 《沃尔夫冈·泡利：关于物理学和哲学的著作》（*Wolfgang Pauli. Writings on Physics and Philosophy*），C. P. 恩茨和K. 冯·迈恩编著（柏林：施普林格出版社，1994年）。

19. 《奇迹小子》（*Wonder Boys*），迈克尔·夏邦著（伦敦：第四权出版社，2008年）。

20. 《上帝粒子：如果宇宙是答案，那么问题是什么呢？》（*The God*

Particle: If the Universe Is the Answer, What Is the Question?），利昂·莱德曼和迪克·特莱西著（威尔明顿：水手图书出版社，2006年）。

21.《发现，还是制造？》（*Discovery or Manufacture?*）特纳演讲，1938年。见《物理科学的哲学》（再版），阿瑟·爱丁顿（安娜堡：密歇根大学出版社，1958年）。

22.《莱因斯–柯温实验：探测鬼魅的中微子》（*The Reines-Cowan Experiments: Detecting the Poltergeist*）：http://permalink.lanl.gov/object/tr?what=info:lanl-repo/lareport/LA-UR-97-2534-02。

23.《针对探测游离中微子而设计的实验》（*A Proposed Experiment to Detect the Free Neutrino*），F. 莱因斯和C. L. 柯温著（《物理评论》杂志，第90卷，1953年5月1日，第492页）。

24.《关于堪萨斯州立大学物理学家欧内斯特·福克斯·尼科尔斯教授的演讲》（*KSU Physics Ernest Fox Nichols Lecture*），海罗德·克鲁斯著，2010年3月1日：https://www.phys.ksu.edu/alumni/nichols/2010/kruse-lecture.pdf。

25. 同24。

26.《游离中微子的探测：一个共识》（*Detection of the Free Neutrino: A Confirmation*），C. L. 柯温、F. 莱因斯、F. B. 哈里森、H. W. 克鲁斯和A. D. 麦奎尔著（《科学》杂志，第124卷，第103页，1956年7月20日）。《中微子》，弗雷德里克·莱因斯和克莱德·柯温著（《自然》杂志，第178卷，第446页）。

27. 不幸的是，克莱德·柯温于1974年去世，因此没能与弗雷德里克·莱因斯分享诺贝尔奖。

28. 莱因斯可能把这些事情与之前泡利喝醉的事情搞混了。1953年末，当莱因斯和柯温探测到中微子的消息传到泡利那里时，泡利和他的朋友们已经吃完晚饭，爬上了苏黎世附近的玉特利山（Uetliberg）。泡利因为晚饭时就喝醉了，走起路来摇摇晃晃，朋友们怕他摔倒受伤，当晚是左右有人架着他下山的〔见《没时间说得太简短：沃尔夫冈·泡利的科学传记》，查尔斯·恩茨著（牛津：牛津大学出版社，2010年）〕。

29. 《关于堪萨斯州立大学物理学家欧内斯特·福克斯·尼科尔斯教授的演讲》，海罗德·克鲁斯著，2010年3月1日：https://www.phys.ksu.edu/alumni/nichols/2010/kruse-lecture.pdf。

30. 因为“幽灵粒子”中微子的发现，雷·戴维斯分享了2002年的诺贝尔物理学奖。

31. 2015年诺贝尔物理学奖获得者是梶田隆章（Takaaki Kajita）和阿瑟·麦克唐纳。因为他们发现了中微子在飞越太空时，会在三种味之间振荡，证明了中微子拥有质量。他们二人分别在日本和加拿大获得相关证据。梶田隆章用的是日本超级神冈探测器（Super-Kamiokande），麦克唐纳则用的是萨德伯里微中子观测站实验室的探测器。

32. 在科学史上，最令人惊奇的图像之一是由日本岐阜县飞弹市神冈町的茂住矿山地下深处的超级神冈中微子探测器创造的。这是一张在夜晚拍摄太阳的照片，不是在白天仰望天空对着太阳拍摄，而是穿过12 700千米的地球；也不是依靠光进行拍摄，而是依靠中微子。如果说，有什么图像可以说明对于中微子来说，地球是最稀薄的雾，那就是用超级神冈中微子探测器拍摄的太阳图像了。

33. 如果有超过三代的中微子类型，它们额外质量的引力就会阻止大爆炸火球的膨胀，导致宇宙更长时间保持更密集、更热的状态，因此核反应产生的氦的数量比天文学家观察到的要多。但是，如果属于一种被称为不育的中微子，则它们可能有三种以上的类型。虽然正常的中微子不喜欢与其他粒子相互作用，但它们确实通过自然界的弱核力，与正常物质发生作用。不育的中微子甚至不会这样做。它们与正常物质的唯一相互作用是通过万有引力。

34. 《中微子揭示宇宙存在之谜》（*Neutrinos Suggest Solution to Mystery of Universe's Existence*），卡蒂娅·莫斯克维奇著（《量子杂志》，2017年12月12日；https://www.quantamagazine.org/neutrinos-suggest-solution-to-mystery-of-universes-existence-20171212/）。

35. 《中微子》（*Neutrino*），弗兰克·克洛斯著（牛津：牛津大学出版社，2010年）。

第6章　大爆炸的余晖——宇宙微波背景辐射

1. 《地外中继》（*Extra-Terrestrial Relays*），亚瑟·查理斯·克拉克著（《无线电世界》杂志，1945年10月，第305页）。

2. 信号的开关和信号相减都是通过电子电路控制。

3. 令人难以置信的是，直到1913年，在美国还可以邮寄婴儿〔《邮寄儿童简史》（*A Brief History of Children Sent Through the Mail*），丹尼·刘易斯著（Smithsonian.com，2016年6月14日：https://www.smithsonianmag.com/smart-news/brief-history-children-sent-through-mail-180959372/）〕。

4. 乔治·伽莫夫的一个令人感到意外的朋友是英国量子理论学家保罗·狄拉克（参见《镜子啊，墙上的镜子》一章）。伽莫夫喜欢聊天，拉克乐于倾听。他们是奇怪的一对。饶舌的伽莫夫甚至还教他这位沉默寡言的朋友骑摩托车。

5. “大爆炸”一词是英国天文学家弗雷德·霍伊尔于1949年创造的，具有讽刺意味的是，他从来不相信大爆炸学说。
6. 后来，弗雷德·霍伊尔发现，制造较重元素的过程中，3个氦原子核发生碰撞形成1个碳核。这个极不可能的三α过程在恒星内部意义重大，因为恒星不是仅保持10分钟的高密度和高温度，而且在数百万年甚至数十亿年里都是如此。
7. 《化学元素的起源》（*The Origin of the Chemical Elements*），拉尔夫·阿尔弗、汉斯·贝特和乔治·伽莫夫著（《物理评论》杂志，第73卷，1948年，第803页）。
8. 拉尔夫·阿尔弗的儿子维克多写道，赫尔曼拒绝将自己的名字排在第四位，这让伽莫夫很失望（见维克多·阿尔弗所写的《我所经历的宇宙学历史》（*The History of Cosmology as I Have Lived Through It*）一文（《辐射》杂志，第15卷，第1期，第8页，2009年春季）。
9. 如果宇宙收缩8倍，物质粒子的能量密度就会增加8倍。然而，光子的能量会加倍，所以辐射的能量密度会增加16倍。即使今天我们生活在一个物质主导的宇宙中，但在过去，辐射是很重要的。事实上，在宇宙最初的几十万年里，宇宙是由辐射主导的。
10. 因为这里指的是明亮火球的光谱，术语“黑体”会让人误解。然而，物理学家们的疯狂也是有其道理的。黑体是一种理想化的物体，吸收所有落在它身上的光子，却不辐射任何东西，因此它是黑色的。在黑体内部，那些光子四处弹跳，共享它们的总能量，从而获得一个黑体光谱。当然，要观察光谱，必须在黑体内开一个小洞，放出一些光。
11. 《宇宙的演化》（*Evolution of the Universe*），拉尔夫·阿尔弗和罗伯特·赫尔曼著（《自然》杂志，第162卷，1948年11月13日，第774页）。

12. 关于宇宙中存在热辐射遗迹的原因，迪克的观点正好与伽莫夫、阿尔弗和赫尔曼的观点相左。他认为，宇宙的发端并非始于一次性大爆炸，而是说宇宙像一颗巨大的跳动的心脏，在永恒中不断膨胀和收缩。这样一个“振荡的宇宙”避开了尴尬的“大爆炸之前发生了什么？”的问题，但还有另外一个问题。1957年，英国天文学家弗雷德·霍伊尔和他的同事们成功地找到了伽莫夫未能找到的锻造比氦重的元素的熔炉——恒星。但是，如果宇宙最初是由氢构成的，然后恒星将其中的一部分锻造成重元素，那么在宇宙上一次膨胀和坍缩周期中已经铸造出来的重元素会发生什么变化呢？在收缩末期的大坍缩（big crunch）和下一次膨胀开始时的大爆炸之间，一定有一个过程破坏了宇宙中所有的重元素。迪克意识到，极端的高温会起作用。在被压缩的过程中，宇宙一定非常热——温度高达数十亿摄氏度。在这样的温度下，重元素之间的猛烈撞击，使其分解成氢，从而抹去了之前宇宙历史的所有痕迹。这种原始火球阶段不可避免的后果是火球辐射。和伽莫夫一样，迪克得出结论，认为早期的宇宙一定充满了残留的热量。

13. 事实上，我们需要更多的证据来证明大爆炸理论是毋庸置疑的。例如，有必要测量不同频率的余晖，以表明它确实符合黑体光谱。而且有必要观测遥远的（也就是早期的）宇宙。20世纪60年代早期的这些观测揭示了类星体，在今天的宇宙中已不复存在。因此，他们证实了大爆炸的预测：我们生活在一个不断变化的宇宙中，而并不像弗雷德·霍伊尔、汤米·戈尔德和赫尔曼·邦迪的宇宙恒稳态理论所预测的那样，生活在不变的宇宙中。

14. 《在4080兆赫处额外天线温度的测量》，阿诺·彭齐亚斯和罗伯特·威尔逊著（《天体物理学报》，第142卷，1965年7月，第

419页）。

15. 实际上，宇宙微波背景辐射在被发现之前，就已经被预测和发现了。不仅阿尔弗和赫尔曼早在17年前（也就是1948年）就预测到了宇宙微波背景辐射，而且比这早10年的时候（也就是在1938年），沃尔特·亚当斯使用世界上最大的望远镜〔威尔逊山上的100英寸（约2.54米）巨型望远镜〕发现了颇令人费解的东西。在寒冷的太空中，微小的哑铃状氰分子以超出正常的速度旋转。加拿大天文学家安德鲁·麦凯勒（Andrew McKellar）表示，它们受到了某种东西的冲击——比绝对零度高几度的射电波。随着渗透到宇宙的每个孔隙中的背景辐射的发现，那种令人费解的“东西”突然变得明了起来。
16. 《最初三分钟：关于宇宙起源的现代观点》，史蒂芬·温伯格著（纽约：基本图书公司，1993年）。
17. 同16。

第7章 太空中的洞——黑洞

1. 《银河系漫游指南》（*The Hitchhikerfs Guide to the Galaxy*），道格拉斯·亚当斯著（伦敦：威廉·海涅曼公司，1995年）。
2. 1974年，露易丝·韦伯斯特回到澳大利亚，在塞丁泉天文台，用英–澳望远镜（Anglo-Australian Telescope）从事研究工作。她嫁给了一位名叫托尼·特特尔（Tony Turtle）的英国射电天文学家。但不幸的是，尽管她在澳大利亚进行了首次肝脏移植手术，但还是在49岁时就去世了。见http://asa.astronomy.org.au/profiles/Webster.pdf。
3. 《天鹅座X–1的光识别》（*Optical Identification of Cygnus X-1*），保罗·穆尔丁和露易丝·韦伯斯特著（《自然》杂志，第233卷，

1971年9月10日，第110页）。

4. 1971年，估计HDE 226868的质量是此类恒星质量的2倍。因此，天鹅座X–1中的黑洞被认为约为太阳质量的15倍。由于黑洞是由超新星中大质量恒星核心的内爆导致的，爆炸将恒星中90%的物质吹到太空中，因此前兆恒星必定是一个至少150个太阳质量的庞然大物。
5. “口述历史——马丁·史瓦西”（美国物理联合会，1977年3月10日；https://www.aip.org/history-programs/niels-bohr-library/oral-histories/4870-1）。
6. 同5。
7. 尽管寻常型天疱疮仍然无法治愈，但通常可以通过联合使用多种药物来控制其症状，并有助于阻止免疫系统攻击人体。开始时，大多数人使用高剂量的类固醇（皮质类固醇）来阻止新的水疱形成，并使现有的水疱愈合。然后，再逐渐减少类固醇剂量，并使用另一种降低免疫系统活性的药物。如果症状消失，就可以停止使用该药物。但是，许多人需要持续用药治疗，以防止疾病再次发作。
8. 摘自威廉·华兹华斯的自传体长诗《序曲》（第三卷）（*The Prelude, Book Three*）：“教堂里立着牛顿的雕像，他的棱镜和沉寂的脸，大理石幻化成一个灵魂，永远孤独地航行在陌生的思想海洋。”
9. 《宇宙的主人：与过去宇宙学家的对话》（*Masters of the Universe: Conversations with Cosmologists of the Past*），赫尔奇·克拉夫著（牛津：牛津大学出版社，2014年）。
10. 从某种程度上说，欧文·弗伦德里希没有观测到1914年8月24日的日全食是一件好事，因为爱因斯坦关于太阳偏转星光的预测是错误的，此时的预测值只有1915年11月最终引力理论预测值的一半。
11. 爱因斯坦于1905年提出的狭义相对论表明，空间和时间是同一无接缝实体（时空）的两个方面。1908年9月21日，爱因斯坦的数学教授赫尔曼·闵科斯基（Herman Minkowski）在第80届德国自然科学家和物理学家大会上说："我希望，在你们面前展示的空间和时间的观点已经从实验物理学的土壤中生长出来，这就是它们的力量所在。"这些观点是全新的。从此以后，空间和时间各自独立的存在都将消逝在虚无缥缈的阴影里，只有二者的结合才能保持独立的现实。

12. 这篇对爱因斯坦引力理论的简明扼要的总结是由美国物理学家约翰·惠勒提出的。

13. 《口述历史——马丁·史瓦西》（*Oral Histories–Martin Schwarzschild*）（美国物理联合会，1977年3月10日）。

14. 爱因斯坦的重力场方程实际上包含4 × 4的数字矩阵表，这意味着有16个方程。但是，爱因斯坦能够使用对称参数，将方程式数量减少到10个。

15. 《卡尔·史瓦西文集》（*Karl Schwarzschild: Collected Works*），福格特编著（柏林：施普林格出版社，1992年）。

16. 《卡尔·史瓦西写给阿尔伯特·爱因斯坦的信》，日期为1915年12月22日（《爱因斯坦论文集》，第8a卷，第169号文件）。

17. 《爱因斯坦与广义相对论的历史》（*Einstein and the History of General Relativity*），唐·霍华德和约翰·斯塔赫尔主编（波士顿：伯克豪斯出版社，1989年，第213页）。

18. 《爱因斯坦场方程的史瓦西和克尔解——引论》（*Schwarzschild and Kerr Solutions of Einstein's Field Equation-An Introduction*），克里斯蒂安·海涅克和弗里德里希·赫尔著（2015年3月7日：https://arxiv.org/pdf/1503.02172.pdf）。

19. 《宇宙的主人：与过去宇宙学家的对话》（*Masters of the Universe:*

Conversations with Cosmologists of the Past），赫尔奇·克拉夫著（牛津：牛津大学出版社，2014年）。

20. 露易丝·韦伯斯特和保罗·穆尔丁撰写的论文《天鹅座X–1是具有重同伴的光谱双星？》（*Cygnus X-1-A Spectroscopic Binary with a Heavy Companion?*）（《自然》杂志，第235卷，1972年，第37页）。

21. 美国天文学家汤姆·博尔顿（Tom Bolton）在多伦多大学大卫·邓拉普天文台（David Dunlap Observatory）独立且几乎同时发现了天鹅座X–1的黑洞。他的论文在穆尔丁和韦伯斯特发表论文的几周后发表，论文题目是《利用HDE 226868识别天鹅座X–1》（*Identification of Cygnus X-1 with HDE 226868*）（《自然》杂志，第235卷，1972年2月4日，第271页）。

22. 我写这篇文章，在很大程度上是因为1972年我12岁时和父亲一起去参加了伦敦卡克斯顿大厅举行的青年天文学会会议，主题是疑似黑洞天鹅座X–1，发言人就是保罗·穆丁。这让我感到极度兴奋！

23. 1963年，新西兰物理学家罗伊·克尔（Roy Kerr）找到了爱因斯坦引力理论的一个解，可以用以解释旋转黑洞的时空扭曲。

24. 《量子理论不能伤害你》（*Quantum Theory Cannot Hurt You: Understanding the Mind-Blowing Building Blocks of the Universe*），马库斯·乔恩著（伦敦：费伯-费伯出版社，2008年）。

25. 《银河探险家安德里亚·盖斯》（*Galactic Explorer Andrea Ghez*），苏珊·刘易斯著（新星出版社，2006年10月31日：http://www.pbs.org/wgbh/nova/space/andrea-ghez.html）。

26. 通常人们认为约翰·惠勒创造了“黑洞”这个词，但实际上，他只是这个词的推广者。“1967年的秋天，我被邀请参加一个关于脉冲星的会议……”他写道，“在我的演讲中，我提出，我们应该考虑脉冲星的中心有可能是引力完全坍缩的物体。我说我们不能总是反复用‘引力完全坍塌的物体’，需要一个简短的描述性短语来替代它。‘黑洞怎么样？’听众中有人问道。几个月来，我一直在寻找合适的词，在床上，在浴缸里，在车里，每当我有安静的时间，我就会仔细思考。突然间，就觉得这个名字特别合适。1967年12月29日，我在一次更正式的Sigma Xi-Phi Kappa演讲中使用了这个术语，并将其写入了1968年春季出版的演讲的书中。”〔《几何子、黑洞和量子泡沫》（*Geons, Black Holes and Quantum Foam*），约翰·惠勒著（纽约：诺顿出版公司，2000年，第296页）〕。

27. 《第一批M87事件视界望远镜的结果：超大质量黑洞的阴影》（*First M87 Event Horizon Telescope Results: The Shadow of the Supermassive Black Hole*），由EHT合作出版（《天体物理学杂志》，第875卷，第1期，2019年4月10日）。

第8章　微物之神——希格斯玻色子

1. 《生命是时空中的彩色穗带》（*Life Is a Braid in Spacetime*），马克斯·泰格马克著（《鹦鹉螺》，2014年1月9日：http://nautil.us/issue/9/time/life-is-a-braid-in-spacetime）。

2. 《老虎》（*The Tyger*），威廉·布莱克著〔摘自诗集《经验之歌》（*Songs of Experience*），1794年〕。

3. 《大海捞针：寻找上帝粒子》（*Massive: The Hunt for the God Particle*），伊恩·桑普尔著（伦敦：维珍出版社，2010年）。

4. 《对称性破缺、无质量粒子和规范场》（*Broken Symmetries, Massless Particles and Gauge Fields*），P. W. 希格斯著（《物理快报》杂志，

第12卷，1964年9月13日，第132页）。

5. 2016年11月1日，在纽卡斯尔市生活中心举行的“彼得·希格斯与格雷姆·法米罗的对话”：https://www.youtube.com/watch?v=LZh15QK_TFg。

6. 布莱恩·斯金纳的《量子场论入门儿童绘本》（*A Children's Picture-Book Introduction to Quantum Field Theory*）（https://www.ribbonfarm.com/2015/08/20/qft/）。

7. 感谢乔恩·巴特沃斯的这个类比。

8. 《太空探险》（*A Zeptospace Odyssey*），吉安·弗朗西斯科·朱迪斯著（牛津：牛津大学出版社，2010年）。

9. 希格斯发现自发对称性破缺赋予粒子质量的机制的灵感来自超导现象。在超导现象中，冷却到接近绝对零度（零下273摄氏度）的金属完全失去了阻碍电流流动的电阻。美国物理学家菲利普·安德森（Philip Anderson）指出，在超导体内部，来自所有粒子的场的集合破坏了电磁的对称性，使光子产生了纵向振荡（longitudinal oscillation），从而产生了有效质量。根据量子场理论，因为光子有了质量，由光子组成的磁场成了短程场，只能穿入超导体内部很短的距离。这种迈斯纳效应（Meissner effect）是希格斯场如何打破规范理论的对称性，并赋予无质量载力子短程性的完美模拟。像超导机制这样的东西可能在物理学的其他领域起作用，特别是在为规范粒子提供质量方面——这种洞察力来自日裔美国物理学家南部阳一郎（Yoichiru Nambu），他对希格斯的见解有很大的影响。

10. 《弱电相互作用统一理论的基础概念》（*Conceptual Foundations of the Unified Theory of Weak and magnetic interaction*），史蒂芬·温伯格著（诺贝尔奖演讲词，1979年12月8日：https://www.nobelprize.

org/prizes/physics/1979/weinberg/lecture/）。

11.《对称破缺与规范玻色子的质量》（*Broken Symmetries and the Masses of the Gauge Bosons*），P. W. 希格斯著（《物理评论快报》，第13卷，第16期，1964年10月19日）。

12.《彼得·希格斯的规避戈德斯通定理》（*Evading the Goldstone Theorem*）（诺贝尔奖演讲词，2013年12月8日：https://www.nobelprize.org/prizes/physics/2013/higgs/lecture/）。

13. 爱因斯坦指出，你看到的是电场，还是磁场，完全取决于你的速度。这表明电场和磁场都不是基本的组成成分，事实上，两者只是单一电磁场的两个方面。

14.《基本相互作用理论》（*A Theory of the Fundamental Interactions*），朱利安·施温格著（《物理学年鉴2》，1956年，第407页）。

15. 在标准模型中，强力是基于未破缺的SU(3)对称的规范理论的结果，称为量子色动力学，而弱力和电磁力则是基于破缺的SU(2)×U(1)对称的规范理论产生的。

16. 如果恩格勒的合作者罗伯特·布劳特没有在2011年5月3日去世，他很可能会分享诺贝尔物理学奖。

17. 关于大型强子对撞机的事实和数据：https://home.cern/resources/faqs/facts-and-figures-about-lhc。

18.《无穷大谜题》（*The Infinity Puzzle*），弗兰克·克洛斯著（牛津：牛津大学出版社，2013年，第342页）。

19. 20世纪80年代初，在欧洲核子研究中心的超级质子–反质子同步加速器（Super Proton-Antiproton Synchrotron）中发现了W+、W–和Z0粒子。重量分别为质子质量的80.4、80.4和91.2倍，每个粒子的质量几乎与银的原子核一样大。卡洛·鲁比亚（Carlo Rubbia）和西蒙·范德米尔（Simon van der Meer）因这一发现而获得了1984年的诺贝尔物理学奖。

第9章　来自宇宙的声音——引力波

1. 引力波存在的间接证据实际上最早来自“双星脉冲星”PSR B1913+16，是在1975年被发现的。在这个系统中，两颗超级致密的中子星正在一起旋转。罗素·赫尔斯（Russell Hulse）和约瑟夫·泰勒（Joseph Taylor）的仔细观察表明，这两颗中子星轨道能量损失的速率与发射引力波的预测完全一致。这两位美国天文学家因这一发现而获得了1993年的诺贝尔物理学奖。
2. 准确地说，在最轻的元素氢的原子中，质子与绕其旋转的电子之间的电磁力大约是粒子之间万有引力的1040倍。
3. 《论引力波》（*On Gravitational Waves*），阿尔伯特·爱因斯坦和内森·罗森著（《富兰克林学会杂志》，第223卷，第1期，1937年1月，第43页）。
4. 我在这里把事情混在一起讲了，但是爱因斯坦请求开推土机的故事是真的。我的一位朋友洛蕾塔·多纳托（Loretta Donato）讲述了她叔叔在普林斯顿的一个建筑工地上工作的故事。“有好几天，一个小老头儿都坐在长凳上看着我叔叔干活，”多纳托说，“有一天，那老头儿问我叔叔是否愿意教他开推土机，我叔叔同意了。那个小老头儿就是爱因斯坦……我叔叔教过爱因斯坦开推土机，但家里人却开玩笑说，我叔叔在普林斯顿教过爱因斯坦！”
5. 《爱因斯坦与〈物理评论〉》（*Einstein Versus the Physical Review*），丹尼尔·肯尼菲克著（《今日物理》杂志，第58卷，第9期，2005年，

第43页：https://doi.org/10.1063/1.2117822）。

6.《从双黑洞合并观测引力波》（*Observation of Gravitational Waves from a Binary Black Hole Merger*），LIGO科学合作组织和Virgo合作组织的B. P. 阿勃特（B. P. Abbott）等人著（《物理评论快报》，第116卷，2016年2月11日，第061102页）。

7. 见https://eventhorizontelescope.org。

8. 如果不是2005年南非裔加拿大物理学家弗朗斯·普里托利乌斯（Frans Pretorius）取得的突破，两个黑洞合并产生的引力波信号还是不可预测到的。尽管众所周知，很难获得爱因斯坦引力方程的精确解，但普里托利乌斯还是克服了重重困难，找到了两个在轨道上相互环绕的黑洞的解〔见弗朗斯·普里托利乌斯的《双黑洞空间时间的演化》（*Evolution of Binary Black Hole Spacetimes*）（《物理评论快报》，第95卷，2005年9月14日，第121101页：https://arxiv.org/pdf/gr-qc/0507014.pdf）〕。

9. 如果由气体和尘埃组成的星际云团内部的热量能释放掉的话，那么引力就能使其收缩，形成致密的恒星，也就是说，热气体向外推动的力阻碍了引力收缩。但是远红外线可以逃离气体云，从而形成恒星，当分子以远红外线的形式辐射能量时，就会带走星云中的热量。然而，能够辐射远红外线的是重元素的分子，比如碳和氧等，这些重原子是由138.2亿年前大爆炸以来恒星内部的氢合成的。起初，没有这样的分子，因此需要质量更大的引力克服气体云的内部热量，产生恒星。这就是为什么按今天的标准，第一代恒星会是巨星的原因。

10. γ射线从椭圆星系NGC 4993穿过1.3亿光年的太空，紧随引力波之后、仅相差1.7秒到达地球。物理学家据此推测，引力波的速度与光速的差别仅在1000万亿分之一量级之内。〔B. P. 阿勃特等人的“GW170817：从双中子星渐近旋进观测引力波”（《物理评论快报》，第119卷，2017年10月16日，第101、161页）〕。

11.《黑洞蓝调》（*Black Hole Blues: And Other Songs from Outer Space*），珍娜·莱文著（伦敦：鲍利海出版社，2016年）。

12.《扔一个苹果到宇宙边缘》（*The Ascent of Gravity: The Quest to Understand the Force that Explains Everything*），马库斯·乔恩著（伦敦：魏登费尔德&尼科尔森出版社，2017年）。

第10章　逻辑思想的诗篇

1.《最初三分钟：关于宇宙起源的现代观点》，史蒂芬·温伯格著（纽约：基本图书公司，1993年）。

2.《测定者》（*Il Saggiatore*），伽利略·伽利雷（Galileo Galilei），1623年。

3.《宇宙密码：作为自然语言的量子物理》（*The Cosmic Code: Quantum Physics as the Language of Nature*），海因茨·佩格斯著（纽约：多佛出版社，2012年）。

4.《数学在自然科学中不合理的有效性》（*The Unreasonable Effectiveness of Mathematics in the Natural Sciences*），尤金·维格纳，见贾格迪什·梅拉主编的《尤金·维格纳文选》第6卷（柏林：施普林格出版社，1995年）。

5.《几何学和经验》（*Geometry and Experience*），1921年1月27日，阿尔伯特·爱因斯坦在柏林普鲁士科学院演讲的扩展版。

6.《粒子物理学中的对称性与电流》（*Symmetry and Currents in Particle*

Physics），默里·盖尔曼著（诺贝尔奖演讲词，1969年12月11日：https://www.nobelprize.org/prizes/physics/1969/ceremony-speech/）。

7. 数学是由构筑块构建的，数学家将其称为“形式系统”。有很多这样的系统，例如“布尔代数”和“群论”。形式系统由给定的集合或者“公理”组成。可使用形式系统应用逻辑规则从中推导出结论或“定理”。例如，“平行线永不相交”的说法就是欧几里得几何的公理，从中可以推导出诸如“三角形的内角之和为180度”之类的定理。

8. 《我们的数学世界：我对现实终极本质的探索》（*Our Mathematical Universe: My Quest for the Ultimate Nature of Reality*），马克斯·泰格马克著（伦敦：企鹅出版集团，2015年）。
9. 《太空探险》（*A Zeptospace Odyssey: A Journey into the Physics of the LHC*），吉安·弗朗西斯科·朱迪斯著（牛津：牛津大学出版社，2010年）。
10. 《现代物理学的逻辑》（*The Logic of Modern Physics*），珀西·布里奇曼著（纽约：麦克米伦出版社，1927年）。
11. 《魔法下宇宙：自然法则的起源》（*Conjuring the Universe: The Origins of the Laws of Nature*），彼得·阿特金斯著（牛津：牛津大学出版社，2018年）。

致谢

感谢以下在本书撰写过程中直接给予我帮助、启发或鼓励我的人：凯伦（Karen）、劳拉·哈桑（Laura Hassan）、菲莉西蒂·布莱恩（Felicity Bryan）、罗文·科普（Rowan Cope）、安妮·欧文（Anne Owen）、尼克·汉弗莱（Nick Humphrey）、米歇尔·托普姆（Michele Topham）、曼吉特·库马尔（Manjit Kumar）、格雷姆·法米罗、保罗·穆尔丁、米凯拉·马斯米（Michela Massimi）、霍弗特·席林、马可·德拉戈、乔恩·巴特沃斯、克莉丝汀·萨顿（Christine Sutton）、肯·斯特兰（Ken Strain）、希拉·罗文（Sheila Rowan）和洛蕾塔·多纳托（Loretta Donato）。

名词对照表

A

absolute zero 绝对零度

accretion disk 吸积盘

action 作用量

action at a distance 超距作用

Albert Einstein Institute: see Max Planck Institute for Gravitational Physics 阿尔伯特·爱因斯坦研究所：见马克斯·普朗克引力物理研究所

Alpha Centauri 半人马座阿尔法星

alpha decay α 衰变

alpha process α 过程

American Physical Society 美国物理学会

angular momentum 角动量

Annelen der Physik（journal）《物理学年鉴》（期刊）

annihilation 湮灭

anthropic principle 人择原理

antimatter 反物质

antimatter rocket 反物质火箭

antielectron 反电子

antineutrino 反中微子

antineutron 反中子

antiparticle 反粒子

antiproton 反质子

Aquitania，RMS（ship）阿奎塔尼亚号（RMS）

asteroid 小行星

Astronomische Nachrichten（journal）

B

C

CNO cycle 碳氮氧循环

Compton scattering 康普顿散射

computational irreducibility 计算的不可化归性

computational reducibility 计算的可化归性

co-ordinate system 坐标系

Cosmic Background Explorer satellite（COBE）宇宙背景探测卫星

cosmic background radiation 宇宙背景辐射

cosmic ray 宇宙射线

critical mass 临界质量

Cygnus X-1 天鹅座X-1

D

dark energy 暗能量

dark matter 暗物质

David Dunlap Observatory 大卫·邓拉普天文台

decoupled 解耦

Dirac equation 狄拉克方程

dwarf planet 矮行星

E

Echo 1 回声1号

electroscope 验电器

electron neutrino 电子中微子

element-building 元素锻造

degeneracy pressure 简并压力

entropy 熵

epoch of last scattering 后散射时代

event horizon 事件视界

Event Horizon Telescope（EHT）事件视界望远镜

exoplanet 系外行星

F

Fermilab 费米实验室

fermion 费米子

51 Pegasi b 飞马座51b

freeze out 冻结

G

gamma ray burster γ 射线暴源

Gauge 规范

gauge invariance 规范不变性

global 整体（规范不变性）

local 局域（规范不变性）

particle（规范不变性）粒子

Geiger-Muller tube 盖格–米勒管

general theory of relativity: see relativity 广义相对论：见相对论

geosynchronous orbit 地球同步轨道

gluon 胶子

God particle 上帝粒子

Goldstone boson 戈德斯通玻色子

gravitational waves 引力波

graviton 引力子

Guggenheim Aeronautical Laboratory 古根海姆航空实验室

H

Hawking radiation 霍金辐射

Haystack Observatory, Massachusetts 马萨诸塞州的海斯塔克天文台

HDE 226868 亨利·德雷珀扩充星表226868号恒星

Heisenberg Uncertainty Principle 海森堡不确定性原理

Hertzsprung-Russell diagram 赫罗图

Higgs field 希格斯场

Higgs particle 希格斯粒子

Hooker Telescope 胡克望远镜

horn, microwave 微波喇叭天线

Hubble Space Telescope 哈勃太空望远镜

I

implosion 内爆

inflation theory 暴胀理论

inflaton 暴胀子

Institute for Advanced Study 普林斯顿高级研究院

International Astronomical Union 国际天文学联合会

inverse beta decay 逆 β 衰变

Isaac Newton Telescope 艾萨克·牛顿望远镜

K

Kaiser Wilhelm Institute 恺撒·威廉物理研究所

Kamioka Gravitational Wave Detector 神冈引力波探测器

Kellogg Radiation Laboratory 凯洛格辐射实验室

Kuiper Belt 柯伊伯带

L

Large Electron-Positron collider（LEP）大型正负电子对撞机

Large Hadron Collider（LHC）大型强子对撞机

Large Magellanic Cloud 大麦哲伦星云

Laser Interferometric Gravitational Wave Observatory 激光干涉引力波天文台（LIGO）

lepton 轻子

Leviathan telescope 利维坦望远镜

Lorentz invariant 洛伦兹不变量

Low Energy Antiproton Ring（LEAR）低能反质子环

M

M87 室女座A星系（也称为梅西耶87）

many body system 多体系统

Max Planck Institute for Gravitational Physics 马克斯·普朗克引力物理研究所

Maxwell's equations of electromagnetism 麦克斯韦电磁方程组

Milky Way 银河系

Mount Palomar Observatory 帕洛马山天文台

Mount Wilson（Hooker）100-inch telescope 威尔逊山（胡克）100英寸望远镜

Mount Wilson Observatory 威尔逊山天文台

multiverse 多元宇宙

muon μ 子

N

NASA 美国国家航空航天局

neutrino 中微子

  muon μ 子中微子

  tau τ 子中微子

neutron core 中子核

neutron star 中子星

O

P

Q

quasar 类星球体

R

red giant 红巨星

relativistic aberration 相对论性像差

relativistic beaming 相对论性聚束

relativity 相对论

general theory of 广义（相对论）

special theory of 狭义（相对论）

renormalisation 重整化

Robinson Laboratory of Astrophysics 鲁滨逊天体物理实验室

Roque de los Muchachos Observatory 穆查丘斯罗克天文台

Royal Greenwich Observatory（RGO）皇家格林尼治天文台

Royal Institution 皇家学会

Christmas lectures（皇家学会）圣诞演讲

Royal Observatory 皇家天文台

Royal Society 皇家学会

Royal Swedish Academy of Sciences 瑞典皇家科学院

S

Sagittarius A* 人马座A*

scalar field 标量场

Schwarzschild metric 施瓦氏度规

Schwarzschild radius 施瓦氏半径

Science and Technology Facilities Council 科学与技术设施委员会

singularity 奇点

sombrero hat potential 草帽势能

spectrum 光谱

spiral arm 旋臂

spiral galaxies 旋涡星系

Standard Model, the 标准模型

Starfish Prime 海星一号

Steady State Theory 宇宙恒稳态理论

Sudbury Neutrino Observatory 萨德伯里中微子天文台

Super Proton-Antiproton Synchrotron 超级质子–反质子同步加速器

supercooling 过冷

supergiant 超巨星

supernova 超新星

symmetry 对称性

gauge 度规，规范（对称性）
left-right 左右（对称性）
local gauge 局域规范（对称性）
spontaneous breaking of（对称性）自发破缺
time-translation 时间平移（对称性）

T

Telstar satellite 电星卫星
theory of everything, the 万有理论，终极理论
thermodymamic equilibrium 热动力平衡
Titius-Bode Law 提丢斯–波得定律
transit telescope 中天望远镜
triple-alpha process 三 α 过程
two-body system 二体系统

U

Uhuru satellite 乌呼鲁卫星
ultimate ensemble of universes 宇宙的终极合奏

V

Van Allen Belts 范艾伦辐射带
virtual particle 虚粒子

W

wave 波
interference of（波）的干涉
standing 驻（波）
white dwarf 白矮星

Y

Yang-Mills equation 杨–米尔斯方程